Pragmatic Thinking and Learning
Refactor Your Wetware

程序员思维修炼

（修订版）

[美] Andy Hunt 著

崔康 译

人民邮电出版社
北　京

图书在版编目（CIP）数据

程序员思维修炼 / （美）亨特（Hunt, A.）著 ；崔康
译. -- 修订本. -- 北京 ：人民邮电出版社，2015.1（2023.7重印）
ISBN 978-7-115-37493-6

Ⅰ．①程… Ⅱ．①亨… ②崔… Ⅲ．①程序设计
Ⅳ．①TP311.1

中国版本图书馆CIP数据核字(2014)第258452号

内 容 提 要

本书从认知科学、神经学、学习理论和行为理论角度，深入探讨了如何才能具备优秀的学习能力和思考能力。作者还设立了实践单元，帮助读者加深印象、真正掌握所学内容。

本书虽然是以软件开发为例，但与专业编程知识无关，适合所有想提高学习能力和思考能力的读者。

◆ 著 [美] Andy Hunt
   译 崔 康
   责任编辑 朱 巍
   责任印制 杨林杰

◆ 人民邮电出版社出版发行 北京市丰台区成寿寺路 11 号
   邮编 100164 电子邮件 315@ptpress.com.cn
   网址 https://www.ptpress.com.cn
   固安县铭成印刷有限公司印刷

◆ 开本：720×960 1/16 彩插：2
   印张：14 2015 年 1 月第 2 版
   字数：233千字 2023 年 7 月河北第 30 次印刷
   著作权合同登记号 图字：01-2009-2909号

定价：49.00元
读者服务热线：(010)84084456-6009 印装质量热线：(010)81055316
反盗版热线：(010)81055315
广告经营许可证：京东市监广登字 20170147 号

版 权 声 明

献给我的太太和孩子。

献给那些梦想成真的人。

对本书的赞誉

本书将推动你拥抱美好未来。

——Patrick Elder，敏捷开发人员

遵循Andy推荐的具体步骤，你能够使自己最宝贵的财富（大脑）更具效率，更有创造力。请阅读本书，并按照Andy说的去做。你的思维会比以前更敏捷，工作会更出色，同时也会比以前学到更多。

——Bert Bates，*Head First* 系列书的合著者

我一直在寻觅能够帮助我提高学习能力的东西，但我还没找到可以与本书媲美的。本书提供了最好的方法，帮助你成为专家级学习者，提高你的技能，指导你如何通过快速易行的学习提高工作效率。

——Oscar Del Ben，软件开发人员

我喜欢谈论与情境相关的书籍。本书就是这样做的，而且帮助你理解为什么情境如此重要。从德雷福斯（Dreyfus）模型（让我顿悟很多事情）到解释为何体验性培训效果显著（书中的攀岩例子），Andy以其幽默和老练的写作风格，让读者在阅读中有所收获，并提高思考和学习的能力。

——Johanna Rothman，顾问、作家和演说家，

《项目管理修炼之道》作者

我非常喜欢 Andy 的著作，其内容严谨且实用。

——Patricia Benner博士，旧金山加利福尼亚大学社会与行为科学系教授、系主任

昨晚读完了本书的 beta 版。我非常喜欢 NFJS 研讨会上的有关讨论（赛马一节），非常希望它能成书，真的太棒了。本书的所有内容实际上改变了我的人生！

——Matt McKnight，软件开发人员

这本书太有趣了，我受益匪浅。这对我来说足够了。

——Linda Rising，国际演说家、顾问和面向对象领域专家

目　　录

第1章 绪论

欢迎大家！

感谢选择这本书。我们将共同经历一次有关认知科学、神经学、学习和行为理论的旅程。你将看到人类大脑令人惊奇的工作机制，并研究如何克服这一系统的局限来提高自己的学习和思考技能。

我们将开始重构你的"湿件"——对大脑进行"重新设计"和"重新连线"，使你更高效地工作。不论你是程序员、管理者、"知识工人"、技术奇人还是思想家，或者你只是想让你的大脑聪明一点，这本书对你都会有所帮助。

我是一名程序员，所以我的例子和言论都离不开软件开发领域。但是，如果你不是开发人员，也不必担心，实际上程序设计与使用神秘、深奥的编程语言编写软件没有多大关系（尽管我们总是习惯性地认为它们很相关）。

程序设计其实就是解决问题，它需要发明、创造和灵感。不论你从事什么职业，可能都需要创造性地去解决问题。然而，对于程序员来说，既要受到数字计算机系统的严格约束，又要展开丰富而灵活的人类思考，这就会展示二者的强大力量，又会深深地暴露二者的缺陷。

无论你是一名程序员，还是一位心灰意冷的用户，可能都曾认为软件开发是人类可以想象和遇到的最艰难的工作。它的复杂性耗尽了我们的全部智慧，而一旦失败则后果是可怕的，且往往极具新闻价值。我们曾经让宇宙飞船偏离了轨道，撞向遥远的星球；让昂贵的火箭爆炸，蒙受无法弥补的实验损失；给消费者寄去索要零美元的催款信，搞得人家莫名其妙；时不时还让航空旅客滞留在机场。

现在我们发现：这完全是我们自己的错误造成的。我们自身往往增加了程序设计的难度。随着软件行业的不断发展，我们似乎失去了作为一名软件开发人员所必需的最基础、最重要的技能。

不过好在，我们此时此地就能改正这个错误。本书将告诉你如何去做。

过去 40 年中，程序员引入到程序中的缺陷的数量已经基本保持不变。尽管程序设计语言、技术、项目方法论等都在不断改进，但缺陷发生的频率仍然保持在同一水平，没能得到改善①。

也许这是因为我们一直关注着错误的事情。尽管技术上有了很多显著的改变，但有一样东西却始终没变：我们自己——作为开发人员的人。

软件并不是在集成开发环境（IDE）或其他工具上设计出来的，它是在我们的大脑中想象和创造出来的。

> **软件是在头脑中创建的。**
> *Software is created in your head.*

思想和概念是需要在团队（也包括付钱让我们开发软件的人）中分享和交流的。我们已经在改进基础技术——程序设计语言、工具、方法上花费了很多时间，当然这也是十分必要的，但现在是我们更进一步的时候了。

现在我们需要研究的真正难题是团队内部和团队间的交流，甚至更困难的问题是完全陈旧的思想。没有任何项目是孤岛，软件不可能孤立地创建或者运行。

Frederick Brooks 在他的里程碑式的文章《没有银弹》[Bro86]中提出：“软件产品处于应用、用户、规则和硬件②的合力之下。这些因素总是在不断变化，迫使软件产品也随之改变。”

Brooks 的言论把我们推向了社会漩涡的中心。考虑到社会中各个相关团体的复杂交互影响和社会的持续变化，在我看来当前最重要的两项技能就是：

❑ 沟通能力；
❑ 学习和思考能力。

软件行业正在逐步提高沟通能力。特别是敏捷方法（见注解栏），强调了团队成员之间、最终客户和开发团队之间的沟通交流。类似《演说之禅：职场必知的幻灯片秘技》

---

① 引自 Bob Binder，基于 Capers Jones 的研究成果。

② 也就是平台。

[Rey08]这样的大众图书突然热卖，表明越来越多的人意识到简单、有效的沟通非常重要。这是个好的开始。

不过，提高学习和思考能力要更难一些。

程序员需要不断地学习——不仅仅是学习新技术，还包括应用的问题域、用户社区的奇思妙想、同事的古怪习惯、行业的八卦新闻和项目演进的重要特征，我们必须学习学习再学习，持续不断地学习，然后把学习成果应用到解决日常遇到的一切新旧问题上。

也许，这些听起来都相当容易，但学习能力、批判性的思考能力和创造力——所有这些扩展思维的能力，都取决于你自己。这些东西没人教得了，你必须自己学习。我们往往错误地看待老师和学生的关系：不光是老师在教，学生也要学。学习完全取决于你自己。

我希望本书能够帮你获得又快又强的学习能力和更实用的思考能力。

什么是敏捷方法

"敏捷方法"这个词最早出现在 2001 年 2 月的一次峰会上，与会的 17 个人都是软件开发行业领军人物，他们创建了各种开发方法，如极限编程、Scrum、Crystal，当然也包括我们的注重实效的编程。

敏捷方法在很多重要的方面都与传统的基于计划的方法不同，最显著的就是摆脱了死板的规则，丢弃了陈旧的日程表，注重实时的反馈。

我在本书中会经常提到敏捷方法，因为很多敏捷思想和实践都是与良好的认知习惯相融合的。

1.1 再提"实用"

从最初的《程序员修炼之道》[HT00]到现在的 *Pragmatic* 系列图书，你会注意到我们一直在冠以实用（pragmatic）这个词。实用主义（pragmatism）的本质就是做对你有用的事情。

在开始讨论之前，请牢记：每个人都是不同的。虽然我引用的很多研究成果都已经被大部分人所沿用，但也有一些还未广为使用。我会运用大量不同的材料，既有通过对人脑的功能性核磁共振扫描证实的科学事实，又有一般概念性理论，既有荒诞故事，也有"嘿，Fred 做了尝试，这对他管用"的日常生活中的例子。

在很多情况下，尤其是在讨论大脑时，根本的科学依据是未知的或不可知的。但你不必为此担心：如果某种方法是有效的，那么它就是实用的，我就会写入书中，供你思考。我希望这些方法中的大多数对你都有用。

> *切忌随波逐流。*
> *Only dead fish go with the flow.*

不过，总有些人与众不同，你可能就是其中一员。这也没关系，不要盲目地听从任何建议，包括我的建议。你可以用开放的思维来阅读本书，尝试执行一些建议，再判断哪些对你有用。

什么是湿件

wet•ware | wet ,we(e)r | 词源：wet+software

名词，谐语。指人脑细胞或思维过程，与计算机系统相对应。

也就是说，利用计算机模型类比人类的思维过程。

随着不断成长和适应，人们需要改变自己的习惯和方法。生命中没有什么是恒久不变的，只有死鱼才随波逐流，尝试改变自己。请把本书当作改变的开始。

我将会分享在我的经历中发现的实用思想和方法，剩下的就看你的了！

1.2　关注情境

万事万物都是相互联系的：自然界、社会系统、你内心的想法、计算机的逻辑——所有事物构成了一个庞大的相互联系的现实世界。没有什么事物是孤立存在的，一切都是系统和更大的情境的一部分。

由于现实世界的相关性，小的事物可能会有意想不到的巨大影响。这种不成比例的影响作用是非线性系统的标志，也许你并未注意到，现实世界毫无疑问是非线性的。

> 当我们试图将某个事物单独挑出来时，我们发现它与宇宙中的其他事物是息息相关的。
>
> ——约翰·缪尔（美国作家），1911 年，《山间夏日》

在本书中，你会发现一些活动只有不起眼的差异，看不出它们之间能有什么区别。比如，冥想与大声说出你的想法，或者在纸上写一句话与在计算机编辑器中输入这句话。抽象地讲，这些事情应当是完全等价的。

然而，事实并非如此。

这些活动使用了人脑中完全不同的思维路径，这些思维路径深受人类思想和思考方式的影响。思想并没有与大脑或身体的其他部分切断，它们相互间是密切相连的。这只是一个例子（在本书的后面章节将会讨论更多关于人脑的话题），但它有助于说明理解这些相互作用的系统的重要性。

> **一切都是互相关联的。**
> **Everything is interconnected.**

在《第五项修炼》[Sen90]一书中，Peter Senge 推广了系统思维（systems thinking）这个词语，描述了另外一种观察世界的方法。在系统思维中，人们试图将一个事物看作几个系统的连接点，而不是一个独立的个体。

例如，你可能把一棵树看作一个单独、离散的对象，立在地面。但事实上，一棵树至少是两个主要系统的连接点：树叶和空气的处理循环与根和泥土的处理循环。树不是静止的，也不是孤立的。更有趣的是，几乎没有人只是系统的一个观察者，不论你是否意识到，很可能你就是这个系统的一部分①。

> **诀窍 1**
> 始终关注情境。

将这句话写下来贴在你的墙上、书桌上、会议室里、白板上，甚至任何你独立思考或与他人共同思考的地方。我们将会在本书后面讨论这个主题。

1.3　所有人都关注这些技能

在我构思如何写这本书的时候，我发现很多不同领域的人都在谈论这些我感兴趣的话题。这些领域包括：

---

① 来源于 Heisenberg 的测不准原理，更一般性的观察者效应（observer effect）认为人必须通过改变系统来认识它。

- MBA 和高级管理人员的培训；
- 认知科学研究；
- 学习理论研究；
- 护理、卫生保健、航空以及其他行业；
- 瑜伽和冥想；
- 编程、抽象和问题解决；
- 人工智能研究。

> *有些东西是基础的、各领域相通的。*
> *There's something fundamental here.*

当你从以上各个领域发现事物虽有不同的表象却有着相通之处，这其实是一个信号。在如此众多的不同情境下却拥有类似的思想，那么必然存在某些根本和重要的东西。

瑜伽和冥想训练近来相当流行，却似乎想不出有什么明确的原因。大约 2005 年 10 月前后，我曾经在飞机上看到杂志上的标题醒目地写着"公司提供瑜伽和冥想训练以减少不断增加的保健成本"。

大公司以前从没有提供过类似活动，但是医疗费用的急速增长迫使它们去寻找一切解决办法。很显然，它们相信瑜伽和冥想的练习者会比普通人拥有更强健的体魄。在本书中，我们更关心这些方法与认知相关的地方，当然如果能获得全面健康那也是很不错的收获。

我也注意到 MBA 和高级管理人员的很多教程都在提倡各种思考性的、创造性的、直觉性的技能，这些东西都是当前已有的研究成果，不过还没有普及到奋战在第一线的员工，包括我们这些知识型工作者。

但是不要担心，我会在本书中讨论这些话题，非 MBA 也能享受这些成果。

1.4 本书结构

每一次美好的旅程都由一幅地图开始，我们的地图就在本节。尽管本书的章节是按顺序依次排列的，但这些章节却是相互关联的。

毕竟一切事物都是相互联系的，但是当你面对一本顺序写成的书时，却不容易领悟到这个观点。你也许无法通过书中各章节中无数个"又见"的提示，去体会到这种关联性。那么通过本节内容，我希望你能稍微明白一些各主题之间的联系。

请记住，以下的主题就是本书的方向，虽然讨论中我们还会说些别的话题。

1.4.1 从新手到专家的历程

在本书的第一部分，我们将研究一下大脑为何如此运转，一开始就引入一个流行的专业模型。

技能获取领域的德雷福斯模型（Dreyfus model）是研究如何超越新手层次、如何不断精通技术的有效方法。我们将会探讨德雷福斯模型，并特别关注成为一名专家的关键要素：应用你自己的实践经验、理解情境和利用直觉。

1.4.2 认识你的大脑

当然，在软件开发中最重要的工具就是你自己的大脑。我们将会讨论一些认知科学和神经系统科学的基本知识，因为它们与软件开发人员的兴趣密切相关，比如把人脑模型可以类比成双 CPU、共享总线设计，以及如何对你自己的大脑作"手术"。

1.4.3 正确使用大脑

一旦对大脑有了更深的认识，我们将想方设法提高创造力和问题解决能力，以及更有效地获取经验。

我们还将探讨直觉从何而来。直觉是专家的基本特征，事实上难以驾驭。你需要它，依赖它，但或许也莫名其妙地反对经常使用它。你可能总会怀疑自己或其他人的直觉，错误地认为它是"非科学的"。

我们将探讨如何转变这种思想，给直觉更大的活动空间。

1.4.4 调试你的大脑

直觉是非常奇妙的技能，当然直觉出错时除外。在人类思考中存在着许多"已知的缺陷"：个人认知偏见、时代及同代人的影响、固有的个性，甚至是大脑底层的生物性缺陷。

这些缺陷经常会误导人们做出错误的判断，甚至走向灾难性的深渊。

了解这些常见缺陷是消除其影响的第一步。

1.4.5 积极学习

既然我们对大脑的工作方式有了深入了解，那么接着我们开始研究如何利用这个系统，引入有关学习的话题。

请注意，这里我所说的学习具有广泛的含义，不仅指对新的技术、程序设计语言之类的学习，也包括对所在团队的变化、所开发软件的重要新功能等内容的学习。在当今时代，我们必须不断地学习。

但是我们绝大部分人并没有学习过如何去学习，只是凭自我感觉。我将告诉你一些具体的技巧来帮助你改进学习能力。我们将探讨做计划的技能、思维导图、阅读技巧（SQ3R），以及教学和写作的认知重要性。拥有了这些技能后，你将会更快、更容易地吸收新的信息，获得更强的洞察力，更好地融会贯通新的知识。

1.4.6 积累经验

积累经验是学习和成长的关键——实践出真知。但单纯的"实践"并不是成功的保证，你需要从实践中学习其中的价值，而一些常见障碍会让这个过程很艰难。

但你也不要刻意地拼命实践，过犹不及。我们将研究如何利用反馈、乐趣和失败来创造更有效的学习环境，关注设定最后期限的危害，并体会如何通过自我引导积累经验。

1.4.7 控制注意力

控制注意力是此次旅程的关键下一步。我将分享一些技巧，帮助你管理需要学习和实践的大量知识、信息和见解。我们生活在信息丰富的时代，而且日常工作很容易搞得你焦头烂额，你没有机会推进自己的职业生涯。让我们共同解决这个问题，加强你的注意力。

我们将研究如何优化你当前的情境，如何更好地处理烦人的打扰，并看一看打扰为何有害。我们还将探讨为何需要分散一些注意力，以便更好地聚焦于思维浸泡之中，并以更积极的方式管理你的知识。

1.4.8 超越专家

最后，我们将快速讨论一下为何改变自己比想象中的困难，并且我会提供一个你可以立即付诸行动的建议。

我将分享专家之上还有什么层次,并告诉你如何达到。

现在,请坐下,端起你的可口饮料,让我们揭开本书的神秘面纱。

1.4.9 实践单元

在本书中,我会设立一个"实践单元",可以让你加深印象并真正掌握所学内容。这部分会包括练习、实验或者培养习惯。我使用多选框标记,这样当你完成一项后,可以画个勾,就像下面这样。

❑ 认真思考一下你的项目的当前问题。你能指出它所涉及的不同系统吗?这些系统是在何处交互的?这些交互点是否与你当前的问题相关呢?

❑ 找出情境中导致你的问题出现的三个因素。

❑ 在你的显示器周围的某个地方,贴上一个标签"关注情境"。

> **关于插图**
>
> 你可能注意到本书中的插图并不像通常采用 Adobe Illustrator 或类似软件制作出来的精致图片那样,这是我故意的。
>
> 从 Forrest M. Mims 的电子书,到敏捷开发人员所钟爱的小纸片上的设计文档,手绘插图具有独特的作用,我们会在本书后面的内容中看到。

1.5 致谢

非常感谢 Ellie Hunt 向我介绍了德雷福斯模型以及相关的护理方面的知识,帮助修改我不通顺的文字,确保了本书的进度,同时打理着我们的公司。编辑的工作通常非常艰苦且不讨好,仅仅在前言中表示感谢远远不够。集编辑、母亲和管理者的角色于一身,她展示了高超的技巧和极大的耐心。

感谢在 Pragmatic Wetware 邮件列表中的朋友们及审阅人,包括 Bert Bates、Don Gray、Ron Green、Shawn Hartstock、Dierk Koenig、Niclas Nilsson、Paul Oakes、Jared Richardson、Linda Rising、Johanna Rothman、Jeremy Sydik、Steph Thompson,以及所有分享过他们的想法、经验和文章的人们。这些经验的碰撞极其宝贵。

特别感谢 June Kim 对整本书的众多贡献,他告诉了我许多研究线索和他本人学习与思考的经验，并且他在本书孕育的各个阶段均做出了积极反馈。

同样要特别感谢 Patricia Benner 博士，她将德雷福斯模型引入到护理行业中，感谢她的支持，允许我引用她的研究成果，还感谢她对学习能力研究的巨大热情。

感谢 Betty Edwards 博士，她是开展人脑半球研究的实际应用的急先锋，感谢她的支持，允许我引用她的研究成果。

感谢 Sara Lynn Eastler 为本书做索引，感谢 Kim Wimpsett 为本书校正单词和语法，感谢 Steve Peter 为本书做了精美排版。

最后，感谢你购买了本书，并和我一起开始这个旅程。

让我们的事业沿着正确的方向不断前进，运用我们的经验和直觉，创造适合学习的新环境。

第 2 章　从新手到专家的历程

制造问题的思维方式无法用来解决问题。

——阿尔伯特·爱因斯坦

难道你不想成为专家吗？不想凭直觉就知道问题的正确答案吗？这是我们一起探索旅程的第一步。在本章中，我们将看一看什么是新手，什么是专家，以及从新手变成专家需要经历的各个阶段。让我们出发吧。

从前，有两名研究人员（兄弟俩）想要推动人工智能的技术发展水平，准备编写一个能够像人类一样学习和获取技能的软件（或者证明这根本不可行）。为了实现这个目标，他们首先得研究人类是如何学习的。

他们提出了德雷福斯技能获取模型[①]，概括了从新手到专家必须经历的 5 个阶段。这个模型已经被证实是行之有效的，接下来我们将深入探讨它。

让我们回到 20 世纪 80 年代初，当时美国的护理专业人员使用德雷福斯模型纠正她们的工作方法，帮助她们提高专业技能。那时，护士们面对的问题与我们如今在软件开发领域面对的许多问题都是相同的。她们现在已经取得了巨大的进步，而我们还要继续努力。

> **事件理论与构建理论**
>
> 德雷福斯模型是所谓的构建理论。理论分两种：事件理论和构建理论*。这两种理论都用于解释我们观察到的现象。
>
> 事件理论可以被测量，这类理论可以被验证或证明。你能够判断某个事件理

[①] 出自 *Mind Over Machine: The Power of Human Intuition and Expertise in the Era of the Computer* [DD86].

论的准确性。

构建理论是无形的抽象，无法被证明。构建理论是通过它的用处来衡量的。你无法判断某个构建理论准确与否。它是客观存在和抽象的结合体。就像苹果是存在的，苹果是事物，存在则是抽象。

例如，我可以使用简单的电流或者复杂的医学成像设备来证明大脑的所有部件，但是我无法证明你有思维。思维是一种抽象，事实上没有这种客观事物，只是一种概念，但是它是一种非常有用的概念。

Dreyfus模型是一种构建理论，是一种抽象。我们随后将看到，它非常有用。

———————————
* 参见 *Tools of Critical Thinking: Metathoughts for Psychology* [Lev97]。

下面列举了一些人们观察到的现象，适用于护理和软件开发，也可能适用于其他行业。

- ❑ 实际工作中，专家级职员并不总被认为是专家，也没有拿到相称的薪水。
- ❑ 不是所有专家级职员都想成为管理者。
- ❑ 职员的能力存在巨大的差异。
- ❑ 管理者的能力存在巨大的差异。
- ❑ 任何团队的成员在技术水平上可能各不相同，无法看作一个同质的可替代资源集合。

除了更好、更聪明、更快，技术水平还有更多的内涵。德雷福斯模型描述了我们的能力、态度、素质和视角在不同的技术水平下是如何变化的，以及为什么会有变化。

这有助于解释为什么过去许多改进软件开发的办法会失败。德雷福斯模型建议我们采取一系列行动，切实改进软件开发行为——无论是为了个人还是为了整个行业。

下面让我们来看一看。

2.1 新手与专家

你如何称呼一名专家级软件开发人员呢？巫师。当我们遇到魔数、十六进制数据、僵尸进程和复杂的指令（比如 `tar -xzvf plugh.tgz` 或者 `sudo gem install --include-dependencies rails`）时，他就会出现。

有了他，我们甚至可以转换成其他用户身份，或者切换到 root 用户——Unix 世界最高权力的化身（见图 2-1）。巫师们处理这些棘手的事情看起来易如反掌。眯起双眼，指尖一缕尘埃，口念咒语，"噗"的一声，一切问题解决了。虽然带有神秘的色彩，但是我们印象中特定领域的专家都是这种形象（他们太神秘了，留给我们的印象异常深刻）。

图 2-1 Unix 巫师

使工作看起来很轻松

曾经有一次，我有机会面试专业的风琴演奏者。对于试音环节，我选择了法国作曲家 Charles-Marie Widor 的 Toccata 片段（出自第 5 交响乐 F 小调，第 42 曲第一章），节奏非常快，我比较业余，感觉这节比较难。

一位候选者演奏得很好——两脚踏板，飞快转动，双手跃动，十指模糊，双眉紧锁，严肃专注。最后，她满头大汗。演奏太出色了，我被打动了。

但是随后真正的专家出现了。她弹得更好一些，更快一些，在她的双手和双脚灵活地演奏时，她一直微笑着与我们交谈。

她使演奏看起来很轻松，最终她得到了这份工作。

例如就专家级大厨来说，他们徜徉于面粉和香料的缭绕之中，不必关心越堆越高的脏盘子（这些都留给实习生清洗），大厨只要努力琢磨、清楚表达如何做好这道菜。"来一点这个，那个少点——不要太多，然后开始烹饪直到完成。"

厨师长克劳德这样说不是故意卖关子，他知道"烹饪直到完成"的含义。他知道"刚好够"和"太多"之间的细微区别依赖于湿度、肉的来源以及蔬菜的新鲜程度。

> **清晰表述专业技能十分困难。**
> *It's hard to articulate expertise.*

专家通常很难把他们的行为恰如其分地解释清楚，他们的很多行为是如此地熟练以至于已经变成无意识的了。他们的大量经验都是通过大脑的非语言、无意识区域存储的，这让我们难以观察，而专家则难以表述。

当专家在做事时，我们其他人觉得十分神奇。神秘的魔法看起来似乎无处可寻，当我们甚至还不完全认识问题的时候，专家就已经凭借一种不可思议的能力知道了正确的答案。

当然，这不是魔法，只是他们认识世界的方式、解决问题的方法、运用的思维模型等都和普通人显著不同。

而一个新厨师在辛苦工作一天回到家里后，可能不会关心湿度和原料方面的细微差别。他只想知道食谱中到底需要放入多少藏红花（不仅仅只考虑藏红花特别昂贵这个因素）。

他想知道的是，如果已知肉的重量，如何精确设定烤肉箱的定时器时间，等等。这并不是说他迂腐或者愚蠢，只是他需要明确的、与情境无关的指令，便于参照执行。而如果专家被强制遵从那些规则操作，他们的工作就会变得效率低下。

新手和专家有着根本区别，他们看待世界的方式不同，反应也不同。让我们看看细节。

2.2 德雷福斯模型的 5 个阶段

早在 20 世纪 70 年代，德雷福斯兄弟（休伯特和斯图尔特）就开始研究人类如何获取和掌握技能。

> **德雷福斯模型针对每项技能。**
> *Dreyfus is applicable per skill.*

德雷福斯兄弟考察了行业技术能手，包括商用客机飞行员和世界著名国际象棋大师[①]。他们的研究表明，从新手到专家要经历巨大的变化。在这个过程中，人们不只是"知道更多"或者获得了技术，而且还在如何认识世界，如何解决问题以及如何形成使用的思维模型等方面体验到根本性的区别。人们获取新技术的方式发生了变化，影响（促进或阻碍）人们工作业绩的外部因素也发生了变化。

不同于对整个人进行划分的其他模型或评估体系，德雷福斯模型具体针对每项技能。换言之，这是一个情境模型，而不是个性或能力模型。

对于所有的事情，你既不是"专家"也不是"新手"，你只是处于某个特定技能领域中的某个水平阶段。虽然你可能只是烹饪新手，但却可能是跳伞专家。大多数非残障成人在直立行走方面都是专家——无需计划或者思考。这已经变成了本能。大多数人在税务规划方面都是新手。如果提供足够多的明确指令，我们就能够完成它，但是事实上我们不知道那是怎么回事（不明白为什么这些规则如此神奇）。

让我们来看一看从新手到专家所经历的 5 个阶段。

2.2.1 阶段 1：新手

专家
精通者
胜任者
高级新手
→ 新手

由定义可知，新手在该技能领域经验很少或者根本没有经验。这里提到的经验，指的是通过实施这项技术促进了思维的改变。举个反例，可能一个开发人员声称拥有十年的经验，但实际上只是一年的经验重复了九次，那么这就不算是经验。

新手非常在乎他们能否成功。没有太多经验指导他们，他们不知道自己的行为是对是错。新手不是特别想要学习，他们只是想实现一个立竿见影的目标。他们不知道如何应付错误，所以出错的时候，他们非常容易慌乱。

但是，如果给新手提供与情境无关的规则去参照，他们就会变得能干起来。也就是说，需要这种形式的规则："当 X 发生时，执行 Y。"换言之，需要一份指令清单。

---

① 出自 *From Novice to Expert: Excellence and Power in Clinical Nursing Practice* [Ben01]。

图 2-2　玉米饼食谱，不过你知道需要烹饪多长时间吗

这就是呼叫中心的工作原理。你可以雇用一大批对当前技术没有很多经验的人，然后让他们按照一个决策树按部就班地执行下去。

> **新手需要指令清单。**
> *Novices need recipes.*

一个大型计算机硬件公司可能使用下面这样的规则列表。

(1) 询问用户计算机是否接上了电源。

(2) 如果是，询问是否已供电。

(3) 如果否，请用户接电源，然后等待。

(4) ……

类似于上面这种乏味却固定的规则可以衡量新手的能力。当然，新手所面临的问题是，对于某种情境，不知道哪条规则是最相关的。当一些意想不到的事情发生时，他们就会不知所措。

和大多数人一样，我对于纳税申报一直知之甚少。我没有太多经验，尽管我已经填写申报文件超过 25 年了，我还是没有学到任何东西，也没有改变思维方式。我也不想学习，我只想实现目标——处理完今年的税务问题。我不知道如何面对错误。当国税局给我寄来简短且冷冰冰的表格时，我通常不知道表中各项目是什么意思，也不知道怎么处理它[①]。

当然，总有解决办法。可以求助于一个与情境无关的规则！类似于下面列出的步骤。

❑ 填写你去年赚的金额。
❑ 寄给政府。
❑ 简单而清楚。

指令清单（包含情境无关的规则）的问题在于你不能一五一十地将所有事情解释清楚。例如，玉米饼食谱中提到烹饪"大约 20 分钟"，那么我什么时候需要延长或者缩短时间？我如何知道已经做好了？你可以设立更多的规则去解释，然后再用更多的规则去解释刚设立的规则，没有一个实际的界限约定你需要说得多明白。这种现象被称为无限倒退（infinite regression）。因此，你必须明确中止反复解释。

规则只能让你启程，不会让你走得更远。

2.2.2 阶段 2：高级新手

专家
精通者
胜任者
→ 高级新手
新手

一旦经过新手的历练，人们开始以高级新手的角度看待问题。高级新手能够开始多多少少地摆脱固定的规则。他们可以独自尝试任务，但仍难以解决问题。

他们想要快速获取信息。例如，当学习一门新语言或 API 时，你可能会感觉到这点，你发现自己会快速浏览文档以寻找一个方法定义或参数列表。你不想在此刻寻根究底，或者重新温习一遍基础知识。

高级新手能够根据过去的经验，逐步在正确的情境中采纳建议，但比较吃力。同时，

---

① 我总是希望把它和一张支票交给我的会计师来处理，他才是这方面的行家。

他们能够开始形成一些总体原则，但不是"全貌"。他们没有全面的理解，而且的确不想有。如果你试图把一个更大的情境强加给高级新手，他们可能会认为该情境与那些原则不相关而忽略掉。

高级新手不想要全局思维。
Advanced beginners don't want the big picture.

当公司 CEO 举行全体会议并展示销售预测图表和数据时，你可能会看到这样的反应。许多在这方面经验较少的员工对这些会不加理会，以为这与他们自己的工作不相关。

当然，其实这是非常相关的，它可以帮助你判断明年你在这家公司是否还能继续干下去。但是，你看不到这种联系，因为你层次还不够，只处于较低的技能水平。

2.2.3　阶段 3：胜任者

专家
精通者
→ 胜任者
高级新手
新手

在第三阶段，从业者现在能够建立问题域的概念模型，并有效地使用它们。他们可以独立解决自己遇到的问题，并开始考虑如何解决新的问题——那些他们之前没有遇到的问题。他们开始寻求和运用专家的意见，并有效利用。

与更高水平者追随下意识反应不同，胜任者会探寻和解决问题，他们的工作更多是基于谨慎的计划和过去的经验。如果没有更多的经验，在解决问题时，他们将难以确定关注哪些细节。

胜任者能够解决问题。
Competents can troubleshoot.

你可能会看到，处于这一水平的人通常被认为"有主动性"和"足智多谋"。他们往往在团队中发挥领导作用（无论是否有正式的头衔）[1]。他们是团队里的好人，既可以指导新手，又不会经常骚扰专家。

在软件开发领域，我们达到了这个水平，但是即使在这一水平，人们仍然无法按照我们希望的方式来应用敏捷方法——大家还没有足够的能力反思和自我纠正。为此，我们需要取得突破，达到一个新的水平：精通。

---

[1]　参见 *Teaching and Learning Generic Skills for the Workplace* [SMLR90]。

2.2.4　阶段 4：精通者

专家
→ 精通者
胜任者
高级新手
新手

精通水平的从业者需要全局思维。他们将围绕这个技术，寻找并想了解更大的概念框架。对于过于简单化的信息，他们会非常沮丧。

例如，处于精通阶段的人拨打计算机的技术支持热线电话，被询问是否插上了电源的时候，不会作出良好反应。（比如我在这种情况下就会想顺着电话线摸到那一头，狠狠地惩罚那个说话的人。）

精通者能够自我纠正。
Proficient practitioners can self-correct.

但是，在德雷福斯模型中，处于精通水平的从业人员有一项重大突破：他们能够纠正以往不好的工作表现。他们会反思以前是如何做的，并修改其做法，期望下一次表现得更好。到这个阶段，自我改进才会出现。

同时，他们会学习他人的经验。作为精通者，他能够阅读案例研究，倾听有关失败项目的流言蜚语，观察别人怎么做，从故事中认真学习，即使他没有亲自参与。

伴随向他人学习的能力而来的，是理解和运用格言经验之谈（maxim）的能力，这些经验之谈犹如谚言或格言，是可以应用于当前情境的基本原理[1]。经验之谈不是指令清单，它们必须在一定的情境下使用。

> **务实的秘诀**
>
> 当 Dave Thomas 和我刚开始写《程序员修炼之道》时，我们试图传达给读者一些与我们的专业最相关的建议。
>
> 这些诀窍（经验之谈）凝结了我们多年来的专业经验。从每年自我拓展学习一门新语言到"不要重复自己"和"不要打碎窗户"的原则，类似的经验之谈是传授专业技能的关键。

举例来说，一个众所周知的极限编程方法的经验之谈是"测试一切可能出错的东西"。

---

① 参见 *Personal Knowledge* [Pol58]。

对于新手来说，这只是一个指令清单。测试什么？是所有的 setter 和 getter 方法，还只是打印语句？他们最终会测试所有无关的东西。

但是，处于精通水平的人员知道什么地方有可能出错，或者更确切地说，什么地方非常有可能出错。他们具有经验和判断力，能够理解这句格言在情境中意味着什么。事实证明，理解情境是成为专家的关键。

精通者有足够的经验，他们知道下一步会发生什么，如果没有发生又需要改变什么。他们非常明确哪些计划需要取消，而应该采取什么行动。

同样，处于精通水平的人可以有效地运用软件模式（《设计模式：可复用面向对象的软件》[GHJV95]一书提出的），但是这不是较低技能水平所必须掌握的。

现在我们已经到达了一个层次。精通者可以充分利用思考和反馈，这些都是敏捷方法的核心。相对早期阶段，这是一次巨大的飞跃。处于精通阶段的人更像是初级专家，而不是高级胜任者。

误用的模式和脆弱的方法

现在你可能认识到，软件开发领域的一些最激动人心的新动向是面向处于精通和专家级水平的开发人员的。

敏捷开发依赖反馈。事实上，我在《高效程序员的 45 个习惯》中对敏捷开发的定义是：敏捷开发就是在一个高度协作的环境中，不断地使用反馈进行自我调整和完善。但是基于以往表现进行自我纠正，只在较高的技能水平上才能实现。

高级新手和胜任者经常会把指令清单和软件设计模式混淆，有时这会导致灾难性的后果。就我知道曾经有一位开发人员刚看了 GoF 的书，并热情地想开始使用设计模式。所有模式，一次用尽，在一小段平凡的代码里。

他设法把23 个设计模式中的17 个用在他那段不幸的代码片断中，终于被人发现。

2.2.5　阶段 5：专家

终于，我们来到了第 5 个也是最后一个阶段：专家。

→ 专家
　精通者
　胜任者
　高级新手
　新手

专家是各个领域知识和信息的主要来源。他们总是不断地寻找更好的方法和方式去做事。他们有丰富的经验，可以在恰当的情境中选取和应用这些经验。他们著书、写文章、做巡回演讲。他们是当代的巫师。

根据统计，专家的数量很少，大概占总人数的 1%~5%。[①]

> **专家凭直觉工作。**
> *Experts work from intuition.*

专家根据直觉工作，而不需要理由。这带来一些非常有趣的影响，并提出了一些重大问题——到底什么是直觉？（在整本书中，我们会深入详细地探讨直觉。）

虽然专家们非常有直觉——这一点对我们其他人来说非常神奇，他们可能会对如何得到结论完全说不清楚。他们的确不知道，只是"觉得是正确的"。

例如，医生给病人看病。乍一看，医生说："我认为，这病人得了 Blosen-Platt 综合症，最好做一些深入检查。"病人做了检查，结果证明医生是正确的。嗯，你可能要问，医生是怎么知道的？但医生很可能会回答："他看上去不太舒服。"

事实上，病人只是看起来"不太舒服"。不知怎的，在医生大脑里面的各种各样的经验、判断、记忆，以及所有其他的意识的帮助下，医生把病人身上的微妙线索结合在一起，就得出了诊断结论。也许，只是因为病人皮肤苍白，或是病人躺下时的姿势说明了问题，谁知道呢？

不过，这位专家知道。专家知道哪些是无关紧要的细节，哪些是非常重要的细节。也许不是有意识的，但是专家知道应该关注哪些细节，可以放心地忽略哪些细节。专家非常擅长做有针对性的特征匹配。

2.3 现实中的德雷福斯模型：赛马和赛羊

现在，让我们仔细研究一下德雷福斯模型，看看如何在现实中应用这个模型。至少在软件开发领域，我们应用得非常糟糕。

专家们并非完人。他们会像其他任何人一样犯错误，会有同样的认知偏见和其他种种偏见（我们会在第 5 章中看到），同一领域的专家之间也会有意见分歧。

---

① 参见 *Standards for Online Communication* [HS97]。

但是更糟糕的是，误解德雷福斯模型会埋没专家的专业技能。事实上，专家的名声和业绩很容易遭到破坏。最后你只是在强迫他们遵循规则。

不知道自己不知道

当你在某领域不是很擅长时，你更可能认为自己是这方面的专家。

在文章"Unskilled and Unaware of It: How Difficulties in Recognizing One's Own Incompetence Lead to Inflated Self-Assessments" [KD99]中，心理学家 Kruger 和 Dunning 讲述了一个自以为是的小偷，他在光天化日之下抢劫银行。他不相信自己这么快就被捕了，因为他以为在脸上涂满柠檬汁，摄像头就监视不到他。

"柠檬汁人"从来没有怀疑他自己的假设。缺少准确的自我评估被称为二阶不胜任（second-order incompetence），也就是说，不知道自己不知道。

这种情况在软件开发领域是个大问题，因为很多程序员和经理都意识不到有更好的方法和实践存在。我已经见过很多年轻的程序员（1~5 年经验）从来没有做过一个成功的项目。他们已经彻底缴械投降了，认为平常的项目就应该是痛苦和失败的。

达尔文说过："无知往往来自于自信而不是知识。"

反过来似乎也是对的。一旦你真的成为了一名专家，你会痛苦地意识到你知道的是多么少。

在德雷福斯的一项研究中，研究人员就是这样做的。他们邀请经验丰富的飞行员做实验，请他们给新手制定一套规则，要求代表他们的最佳实践做法。他们照做了，新手基于这些规则的确能够提高自己的业绩。

规则断送专家。
Rules ruin experts.

然后，研究人员要求专家遵循自己制定的规则。

结果专家的表现明显不如以往[①]。

---

① 引自 *The Scope, Limits, and Training Implications of Three Models of Aircraft Pilot Emergency Response Behavior* [DD79]。

这对软件的开发也会产生影响。考虑一下，任何对开发指定严格规则的方法或企业文化，会对团队里的专家产生什么影响呢？这将拖累其业绩表现下降到新手的水平。公司失去了他们所擅长的所有竞争优势。

但是，整个行业一直在试图通过这种方式"毁灭"专家。你可能会说，我们正试图训练赛马。但这不是获得良好的投资回报的办法，你需要让赛马自己去跑[1]。

直觉是专家的工具，但公司往往轻视它，因为他们错误地认为，直觉"不科学"或者"不可重复"。因此，我们往往本末倒置，不倾听薪酬高昂的专家们的意见。

相反，我们也往往喜欢使用新手，把他们扔在发展水平等级的最底层，让他们觉得未来遥不可及。在这种情况下你可能会说，我们正在试图赛羊。同样，这不是一个使用新手的有效方法。他们需要"被驾驭"，也就是说，明确方向，快速成功，等等。敏捷开发是非常有效的工具，但它不适用于一个完全由新手和高级新手组成的团队。

> **怠工**
>
> 在某些行业或者情况下，如果不容许全面罢工，那么放缓工作通常是一种示威的手段。
>
> 这通常被称为消极怠工或者恶意服从，也就是说，员工只做他们工作范围内的事情——不多也不少，严格按照规矩办事。
>
> 其结果是大量的延误和混乱，还有有效的劳工示威。没有一个具有专门技能的人在现实世界中完全按照规矩做事，这样做显然效率低下。
>
> 根据 Benner（在 *From Novice to Expert: Excellence and Power in Clinical Nursing Practice* [Ben01] 中）提到的："实践无法被完全客观化或者正规化，因为它们必须在特定关系和特定时间中完成。"

但是，来自企业的压力从两个方面阻碍了我们。被误导了的政策公平思维要求我们同等对待所有开发人员，不论能力大小。这伤害了新手和专家（因为忽视了这样一个事实：根据不同的研究成果，开发人员之间存在 20 : 1~40 : 1 的生产力差异）[2]。

---

① 当然是指纯种良马，而不是野马。

② 在 1968 年，根据 Exploratory Experimental Studies Comparing Online and Offline [Sac68]，当时的程序员生产力差异已经达到了 10 : 1。自那时起，这种差距不断扩大。

诀窍 2

> **诀窍 2**
>
> 新手使用规则，专家使用直觉。

当然，从新手到专家的过程涉及的不仅仅是规则和直觉。在你提升技能水平的过程中，有许多方面会发生改变。最重要的三个变化①如下。

☐ 从依赖规则向依赖直觉转变。

☐ 观念的改变，问题已不再是一个相关度等同的所有单元的集合体，而是一个完整和独特的整体，其中只有某些单元是相关的。

☐ 最后，从问题的旁观者转变为问题涉及的系统本身的一部分。

这是从新手到专家的转变，脱离独立和绝对化的规则，进入直觉的境界并（记得系统思考吗）最终成为系统本身的一部分（参见图 2-3）。

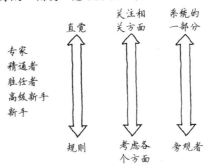

图 2-3　技能获取的德雷福斯模型

技能分布的糟糕事实

现在，你可能认为绝大多数人都处于中等位置——德雷福斯模型符合标准分布，典型的钟形曲线。

其实不是。

可悲的是，研究似乎表明，大多数人的大多数技能，在他们生命的大多数时间里，从来没有高于第二阶段高级新手，"执行他们需要做的任务并根据需求学习新任务，但是从来没有对任务环境获得更广泛的、概念上的理解。"②更准确的分布参见图 2-4。

---

① 出自 *From Novice to Expert: Excellence and Power in Clinical Nursing Practice* [Ben01]。

② 出自 *Standards for Online Communication* [HS97]。

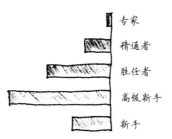

图 2-4 技能分布

大多数人都是高级新手。
Most people are advanced beginners.

这种现象的证据比比皆是，从复制–粘贴式编程的兴起（现在把 Google 作为 IDE 的一部分），到设计模式的普遍误用。

此外，元认知（metacognitive）能力，或者自我认知的能力，往往在较高的技能层次中才会具有。不幸的是，这意味着处于较低技能层次的从业者会明显高估他们自己的能力——有研究表明高出 50%。根据一项研究（见 *Unskilled and Unaware of It: How Difficulties in Recognizing One's Own Incompetence Lead to Inflated Self-Assessments* [KD99]），正确自我评估的唯一办法就是提高个人技能层次，这反过来又会提高元认知能力。

你可以把这种现象称为二阶不胜任（second-order incompetence）：不知道自己不知道多少。新手尽管能力差但是信心十足，而专家在情况异常时会变得愈发谨慎。专家会更多地自我怀疑。

诀窍 3
知道你不知道什么。

不幸的是，我们的高级新手永远多于专家。即使在底层衡量，仍然是这个分布。如果足够幸运在团队里拥有一名专家，你需要照顾他，为他考虑。同样，你需要照顾少量新手、大量高级新手和少数但精干的胜任者和精通者。

> **专家不等于老师**
>
> 专家并不总是最好的老师。教学是一门技能，你在某个领域是专家，这并不能保证你可以把它教给别人。
>
> 另外，前面提到专家经常无法清楚表达自己是如何做出具体决策的，因此，你可能发现处在胜任水平的人可能更合适教一名新手。当团队需要结对或者寻找指导老师时，你可以尝试选用和受训者技能水平相近的老师。

专家与众不同之处是他们使用直觉和在情境中识别模式的能力。这不是说新手没有任何直觉或者胜任者根本不能识别模式，但是专家的直觉和识别模式的能力已经超越了他们显性的知识。

> 直觉和模式匹配能力超载了显性知识。
> Intuition and pattern matching replace explicit knowledge.

从新手掌握情境无关的规则转变到专家依赖情境的直觉，这是德雷福斯模型中最有趣的部分之一。所以，本书后面大部分内容的目标是，看一看我们如何可以更好地利用直觉，更长于识别和应用模式[①]。

2.4 有效地使用德雷福斯模型

大约在 20 世纪 70 年代末，护理专业陷入了绝境。以下概括列举了其面临的问题，这些问题是我从若干案例和故事中总结出来的[②]。

❑ 护士认为自己仅仅是一种工具，从而漠视工作。她们只是执行训练有素的医生们的指令，人们不期望她们对病人的护理有所创见。

❑ 由于薪酬等级的不平等，专家级护士争先恐后地离开一线护理工作，通过管理、教学或者巡回演讲赚更多的钱。

❑ 护理教育开始受到质疑，很多人认为正规的实践模式是最好的教育方法。这种对正规方法和工具的过度依赖削弱了实践中真正经验的作用。

❑ 最后，人们忽略了真正的目标——患者的治疗效果。无论采用何种过程和方法，无论谁来护理，结果是什么？患者活下来了吗？在逐渐康复吗？还是相反？

[①] 这里模式指一般问题的模式，不是软件设计模式。

[②] 出自 *From Novice to Expert: Excellence and Power in Clinical Nursing Practice* [Ben01]。

十年成就专家?

那么，你想成为专家是吗？你需要投入大约十年的努力，不论哪个领域。研究人员*已经研究了下棋、音乐作曲、绘画、钢琴演奏、游泳、网球和其他技能。几乎在每种情况下，从莫扎特到甲壳虫乐队，你会明显发现在成为世界级的专家之前至少需要十年的辛勤工作。

例如，甲壳虫乐队凭借在 1964 年 Ed Sullivan 访谈节目中里程碑式的亮相开始风靡世界。他们的第一张成功专辑 Sgt. Pepper's Lonely Hearts Club Band 很快在 1967 年发行。但是乐队并不是在 1964 年成立的，他们从 1957 年开始就在俱乐部唱歌，到发行第一张专辑花了十年时间。

而且需要辛勤工作——只是在某领域工作十年是不够的。你需要实践。根据著名认知科学家 Dr. K. Anderson Ericsson 的说法，积极的实践需要四个条件。

- ❑ 需要一个明确定义的任务。
- ❑ 任务需要有适当难度——有挑战性但可行。
- ❑ 任务环境可以提供大量反馈，以便于你采取行动。
- ❑ 提供重复犯错和纠正错误的机会。

稳步做这种实践十年，你就会达到目标。正如我们在《程序员修炼之道》[HT00]中提到的，甚至连英国诗人乔叟也抱怨"生命如此短暂，学知之路如此漫长"。

但是，有一些好消息。一旦你成了某个领域的专家，在别的领域成为专家就会变得更容易。至少你已经有了现成的获取知识的技能和模型构建的能力。

感谢 June Kim 推荐了 Dr. Ericsson 的文章。

---

* 参见 *The Complete Problem Solver* [Hay81]和 *Developing Talent in Young People* [BS85]。

如果仔细阅读以上这些问题，你可能已经注意到这些问题听起来是那么地熟悉。请允许我稍微修改一下这些问题，以反映我们软件开发的职业特征。

- ❑ 程序员往往认为自己是一种工具，从而漠视工作。他们只是执行训练有素的分析师的指令，人们不期望他们对项目的设计和架构有所创见。

❑ 由于薪酬等级的不平等，专家级程序员争先恐后地离开一线编码工作，通过管理、教学或者巡回演讲赚更多的钱。

❑ 软件工程教育开始受到质疑。很多人认为正规的实践模式是最好的教育方法。这种对正规方法和工具的过度依赖削弱了实践中真正经验的作用。

❑ 最后，他们忽视了真正的目标——项目结果。无论采用何种过程和方法，无论谁参与项目，结果是什么？项目成功了吗？在不断进步吗？还是相反？

嗯，这样听起来更熟悉一点。事实上，这些都是我们行业目前面临的严重问题。

早在 20 世纪 80 年代初，护理专业人员开始把德雷福斯模型应用到他们的行业中，并取得了显著的成果。Benner 博士在其里程碑意义的著作中展示和解释了德雷福斯模型，使所有相关人员更好地了解自己和同事的技能和角色。它提出了具体的指导方针，尝试从整体上改进行业。

在随后的 25 年里，Benner 和后续作者、研究人员不断改善他们的职业水平。

因此，在 R&D 精神（指 Rip off and Duplicate，偷师学艺）的指导下，我们可以从他们的工作中借鉴很多经验教训并应用到软件开发中。让我们仔细看看他们是如何做的，并思考在我们自己的行业中可以做些什么。

2.4.1 勇于承担责任

25 年前，护士总是无条件地执行命令，甚至强烈而自豪地认为她们"从来没有偏离医生的命令"，而不顾病人的需要或状况发生明显变化。

形成这种态度的部分原因在于医生，医生不会总是持续观察病人情况的细微变化，同时部分原因在于护士本身，护士非常愿意把实际工作中的决策权交给医生。那样做，护士的职业就会更安全，这确实也存在一定的心理基础。

在一项实验中[①]，一名研究人员在病房中假扮一名医生，命令护士为患者服用某种药物。命令的发布突破了若干底线。

❑ 命令通过电话发布，而没有手写处方。

❑ 该药物不属于病房核准可用的药物。

❑ 使用的剂量是药物标签说明中最大量的两倍。

❑ 电话里的所谓"医生"是一个陌生人，护士和其他人员都不认识。

---

① 参见 *Influence: Science and Practice* [Cia01]。

但是即使在这些如此明显的警示信号下，95%的护士还是服从了命令，径直去药品柜中取指定剂量的药，然后走向病人的房间。

幸运的是，当然会有一名合作研究者拦住她们，并解释这只是一项实验，制止了她们执行虚假的命令[①]。

在程序员和其项目经理或者项目架构师的身上可以看到非常类似的问题。程序员对负责架构、需求甚至业务流程的相关人员的反馈要么根本没有，要么被严词拒绝，要么干脆被大家遗忘在脑后。程序员经常实现一些他们明知道是错误的东西，忽略了明显的警告信号，这非常类似于上例中的护士行为。敏捷方法有助于促进所有团队成员的反馈并有效利用，但这只是成功的一半。

> *"我只是执行命令！"是无用的。*
> *"I was just following orders!" doesn't work.*

护士不得不承担责任，以便根据特定情形下的动态变化做出现场决定，程序员也必须承担同样的责任。"我只是执行命令"这样的说辞在纽伦堡审判中无助于摆脱二战期间所犯罪行，同样在护理职业也行不通，对软件开发来说也是如此。

但是，为了实现工作态度上的转变，我们确实需要提高技能。高级新手无法自己做出这类决定。我们必须培养高级新手，帮助他们把技能水平提高到胜任者层次。

有助于实现这个目标的主要方法是在环境中有好的榜样。人天生善于模仿（参见 7-4 节）。通过模仿榜样我们可以学得最好。事实上，如果你有孩子，你可能已经注意到他们很少照你说的做，却总是模仿你的所作所为。

诀窍 4

通过观察和模仿来学习。

没有实践就没有技能

爵士乐是一种非常依赖现实体验的艺术形式。你可以学习所有的和弦和演奏爵士乐所需的技术，但是你必须亲自演奏它才能获得"感觉"。著名小号手和歌手Louis "Satchmo" Armstrong曾这样谈到爵士乐："各位，如果你

[①] 这是一项过时的研究，现在请不要打电话给医院下错误指令，否则警察会找上门来。

> 只是问，你永远都不会明白。"
>
> 没有实践就没有技能，而且没有什么东西可以替代实践，但是我们可以努力使你现有的经验发挥更大效力。

小号手 Clark Terry 曾经告诉学生们学习音乐的秘密是经历三个阶段：

- ❑ 模仿
- ❑ 吸收
- ❑ 创新

也就是说，首先模仿现有的做法，然后慢慢地吸收内在的知识和经验，最终将超越模仿阶段并能自主创新。这和被称为 Shu Ha Ri 的武术训练周期有异曲同工之妙。

在 Shu 阶段，学生模仿老师教授的技术，原模原样。在 Ha 阶段，学生必须思考其中的意义和目的，以达到更深的理解。Ri 意味着超越，不再是一名学生，已经具有了自己的创新。

因此，我们需要研究如何在项目中坚持实践尽可能多的现有技能，如果实践者不长期浸淫于该领域，这些进步就根本体现不出。

2.4.2 在实践中保持技能

当时，护理专业的技能迅速丢失。由于薪酬级别和职业发展的局限，拥有高技能水平的护士都会在事业生涯的某一个时刻被迫离开一线临床实践岗位，进入管理或者教育领域，甚至完全离开这个领域。

在软件开发领域基本也是这样。程序员（又称"码农"）只挣那么点工资，而销售人员、顾问、高级管理人员等的薪水可能比最优秀程序员的两倍还多。

公司需要更细致更全面地看到这些明星程序员为团队带来的价值。

优胜者不会帮扶失败者。
Winners don't carry losers.

例如，许多项目团队用运动来比喻团队协作的积极方面和共同的目标等。但事实上，我们对团队合作的理想化看法与专业运动队的实际做法并不相符。

两个人在棒球队中担任投球手，不过其中一个年薪 2500 万美元，另外一个可能只挣 5

万美元。问题不在于他们的工作职位，或者工龄长短，而在于他们为团队带来了什么价值。

Geoffrey Colvin 的一篇文章[①]表达了这个观点，他指出，在拥有明星的真正团队中，不是每一个人都是明星，一些人是新手和高级新手，一些人只是胜任者。新手需要爬梯子，但是优胜者不会帮失败者——失败者会被团队抛弃。最后，他指出位列前 2%的优胜者并不被认为是世界级的，位居前 0.2%的才是。

不只是在竞争压力大的专业运动队，甚至连教会也区分才能差异并努力有效利用。最近，我看到一份全国教会的新闻通讯，对如何培养和维护音乐节目提出了建议，听起来非常熟悉。

- ❑ 一个组织的好坏由其最弱一环决定。把最好的演奏者聚集在一起从事主要的服务，同时创建"农场队伍"完成其他服务。
- ❑ 组织内每周的演奏者应相同、稳定。要让组织成型，演奏者进进出出会适得其反。
- ❑ 时间就是一切：鼓手（乐队的）或者伴奏（合唱团）必须是固定的。最好使用预先录制的伴奏而不是频繁更换的鼓手或者风琴手现场伴奏。
- ❑ 让团队的优秀音乐家安心，随时关注变化。

这正是你想在软件团队中做的同样的事[②]。为高技能的开发人员提供合适的环境至关重要。

鉴于最高技能水平的开发人员的生产力比最低水平的高几个数量级，目前常用的工资结构是不到位的。就像多年前的护理专业，我们不断面临关键技能高手转向管理、竞争对手或其他领域的风险。

随着向人力成本更便宜的国家开展外包和离岸开发，这种趋势变得更加严重。这个发展状况很让人担忧，因为它进一步巩固了人们的偏见，认为编码只是一种机械活动，恨不得都外包给最低水平的承包人。事实当然完全不是那么回事。

正如护理专业一样，编程专家必须持续编程，并找到一个有意义、有价值的职业生涯。对组织来说，设置一个能够反映最优秀程序员价值的薪酬等级和职业阶梯是实现这个目标的第一步。

---

① 参见 2002 年 3 月 18 日的《财富杂志》，第 50 页。
② 有关鼓手的类比有点扯远了，但是我在《高效程序员的 45 个习惯》[SH06]中谈到了更多开发项目的规律。

┌───┐
│ **诀窍 5** │
├───┤
│ 保持实践以维持专家水平。 │
└───┘

2.5　警惕工具陷阱

在软件开发领域，有许多关于工具、形式模型、建模的著作。很多人声称 UML 和模型驱动架构（Model-Driven Architecture，MDA）是未来的趋势，还有很多人声称 RUP 和 CMM 过程模型是拯救行业的良方。

> *模型是工具，而非镜子。*
> *The model is a tool, not a mirror.*

但是，正如所有关于银弹的想法一样，人们很快就发现这不那么容易。虽然这些工具和模型有自己的用途，在合适的环境中可能有效，但是它们当中却没有一个能成为梦想中包治百病的灵丹妙药。更糟糕的是，滥用这些方法将会得不偿失。

有趣的是，护理专业在工具和形式模型的使用方面也存在类似的问题。他们像许多架构师和设计者那样掉进了同一个陷阱：忘记了模型是一个工具，而不是一面镜子。

规则无法告诉你在某种情况下应该采取的最合适行为或者正确路线。它们充其量也就是"自行车的辅助轮"——可以帮助启动，但是却限制并大大妨碍了以后的表现。

Deborah Gordon 博士编写了 Benner 著作中的一章内容。在这一章中，她概述了过分依赖护理专业形式模型所造成的一些危害。根据我们行业的特殊性，我重新诠释了她的见解，但是即便是 Gordon 博士的原文，听起来也会让你觉得非常熟悉。

混淆模型和现实

模型不是现实，但是很容易混淆这两个概念。有一个关于年轻项目经理的老故事：团队里的高级程序员宣布她怀孕了并将在项目期间分娩，这位经理抗议道："这不在项目计划中。"

低估不能形式化的特性

良好的问题解决能力对我们的工作很重要，但解决问题是一件很难形式化的事情。例如，你应该坐下来思考问题多长时间？10 分钟？一天？一周？你无法对创造力和发明限定时间，因而，你也无法建立相应的技术。即使希望团队拥有这些特性，你仍可能发现管理部门根本不会重视它们——仅仅是因为这些特性无法形式化。

规定违背个人自主性的行为

你不希望一群猴子敲打键盘编写代码。你需要能思考、负责任的开发人员。对形式模型的过度依赖往往会鼓励羊群行为[1]而贬低个人创造力[2]。

偏袒新手，从而疏远了经验丰富的员工

这是一个非常危险的副作用。针对新手创建一套工作方法，对经验丰富的团队成员来说，你会建立一个恶劣的工作环境，他们会直接离开你的团队或组织。

阐明太多细节

阐明太多细节会适得其反。这会引发一种称为无限倒退（infinite regress）的问题：一旦你详细解释了一系列假设，你就提前暴露了本应简单提出的下一个层次的假设。如此下去，只会带来恶性循环。

把复杂局势过于简单化

Rational 统一过程（和一些新方法）的早期支持者坚持声称，你需要做的仅仅就是"按部就班"。一些极限编程的支持者坚称你需要做的就是"只要遵循这 12——不，等一下，也许是 13 种——实践方法"，然后所有问题都可以解决。这两种观点都是错误的。每个项目、每种情况都比那更复杂。每当有人开始说"你需要做的仅仅是……"或者"只需要做这个……"，他们十之八九错了。

追求过度一致

同样的标准不可能放之四海而皆准。上一个项目里最管用的东西对当前这个项目来说可能是一场灾难。就算 Eclipse 能提供给 Bob 和 Alice 巨大的生产力，它也有可能会毁掉 Carol 和 Ted。后者宁愿选择 IntelliJ 或者 TextMate 或者 vi[3]。

忽视情境的细微差别

形式方法针对典型情况，而不是特殊情况。但是，"典型"真的会发生吗？情境对专业表现至关重要，而形式方法往往会在它们的公式中丢掉情境的细微差别（它们不得

---

[1] 羊群行为（herd behavior）也称"羊群效应"或"从众心理"，指人们具有的与他人保持一致，和他人做相同事情的本性。——编者注

[2] 当然，这需要平衡——你也不想要一个"牛仔式的程序员"（缺乏团队意识、任由自己支配）。

[3] 必须承认，我在编写本书时使用的工具是 vi、vi 模式下的 XEmacs 和 TextMate。

不如此，否则，它们得花费数千页纸来描述早晨如何喝到咖啡）。

在遵从规则和自行判断之间犹豫

什么时候适合打破规则？任何时候？永远不能？还是介于两者之间？你如何知道？

故弄玄虚

语言表达如果过于口号化，它就会变得微不足道，并最终完全失去意义（例如，"我们是一个以客户为中心的组织！"）。敏捷方法正因为这个问题很快失去效力。

形式方法有其他优点和用途，但是在实现这些目标时不起作用。虽然它可能有助于为较低技能水平的人建立基准规则，但是判断力是无法取代的。随着判断力增强，对于规则的依赖必须放宽，伴随着严格的制度执行。

诀窍 6

如果你需要创造力、直觉或者独创能力，避免使用形式方法。

不要屈服于工具或者模型的虚假权威。没有什么可以替代思考。

2.6　再一次考虑情境

从德雷福斯模型学到的最重要的收获之一就是，认识到新手需要与情境无关的规则，而专家使用与情境相关的直觉。

> 拿着咸鱼的男人已经认定了一个真理，也经历了许多假象、许多谎言。可这条鱼却不是那种颜色、那种纹理、那种死样、那种气味儿。
>
> ——John Steinbeck，《科尔特斯的海》

在《科尔特斯的海》中，Steinbeck 冥想了情境和真理的相互作用。你可以描述实验室里的一条墨西哥锯齿鱼。你需要做的仅仅就是"打开一个气味儿难闻的罐子，从福尔马林溶液中取出一条僵硬无色的鱼，数一数骨头，然后写下真理 'D. XVII-l5-IX.'"。这是一个科学真理，但缺乏情境。这和活着的鱼不一样，"亮丽的色彩和摆动的尾巴"。活着的鱼在其栖息的情境下与实验室里保存在罐子里的鱼有着根本区别。情境在起作用。

你可能已经注意到，高价顾问最喜欢回答说："具体情况具体分析。"当然，他们是对的。他们的分析依赖于很多事情——所有那些专业人士懂得去寻找的、至关重要的细节，同时忽略无关的细节。情境在起作用。

你可能会要求专家打开一扇锁住的门。这很合理，但是考虑一下情境带来的差别：例如，打开门营救着火房间里的孩子和不留痕迹地撬开水门饭店房间的锁是完全不同的。情境在起作用[①]。

非情境化的客观性（也就是说，把某件事情脱离它的情景然后客观化）存在固有的危险。例如，在之前 Steinbeck 的引文中，一条咸鱼（也许已经解剖用于研究）与现实中搏击风浪的银色闪亮的鱼完全不同。

> *警惕非情境化的客观性。*
> Beware decontextualized objectivity.

对于"破门而入"的例子，只是说"我想打开这个锁住的门"是完全不够的。情境是什么？为什么需要打开这扇门？可以使用斧子、锯子或者开锁工具吗？或者我们能不能就绕到后面去开另一扇门？

在系统思维中，如面向对象的编程，往往是事物之间的联系最让人感兴趣，而不是事物本身。这些联系有助于形成情境，而正是情境让这些事物各不相同。

情境在起作用，但是，由于技能水平还不够高，德雷福斯模型的较低阶段无法认识到这一点。因此，让我们再一次研究一下如何攀登德雷福斯的阶梯。

2.7 日常的德雷福斯模型

那么，德雷福斯模型是如此有趣和迷人，它究竟好在什么地方呢？具备了关于它的知识，你可以做什么？你可以如何让它为你所用？

> *一种规格并非处处适用。*
> One size does not fit all.

首先，请记住，无论是对你自己或对他人，一种规格并非处处适用。正如你从模型中看到的，你的需求取决于你所处的技能水平。随着时间推移，你的个人学习和成长所需要的东西会改变。当然，在团队中你同样需要先考虑他人的技能水平，然后再判断自己该如何倾听、响应他们的意见。

---

① 有关开锁的更多信息，参见 *How to Open Locks with Improvised Tools* [Con01]。

新手需要快速成功和与情境无关的规则。你无法指望他们独自处理新情况。在一个给定的问题空间内，他们会停下来思考所有事情，不论相关与否。他们不把自己看做系统的一部分，所以没有意识到他们施加的影响——不论是积极的还是消极的。提供给他们所需的帮助而非全貌，否则，那只会把他们弄糊涂了。

在另一端，专家需要获得全貌；不要用约束性、官僚的规则妨碍他们做出自己的判断。你需要从他们的专业判断中获益。请记住，不论怎样他们认为自己是系统的一部分，并将这些事情当作自己的事情来做，他们的投入超出你的想象。

理想情况下，你希望团队里混合各种层次技能水平：拥有一个全部是专家的团队也存在它的难处。当所有人在考虑森林的时候，你也需要一些人来关注一棵棵大树。

读到这里，如果德雷福斯模型对你来说是新知识，你可能在理解和使用它上仍然是个新手。理解德雷福斯模型和技能获取本身也是一项技能，要根据德雷福斯模型的具体情况，来学习如何学习。

> **诀窍 7**
>
> 学习如何学习的技能。

前进

在本书后面的内容中我们会使用德雷福斯模型的知识。要获取专业技能，需要做到如下几项。

- 培养更多的直觉。
- 认识到情境和观察情境模式的重要性。
- 更好地利用我们自己的经验。

为了了解如何实现这些目标，下一章我们将先仔细研究一下大脑是如何工作的。

实践单元

- 自我评价。你认为你在工作中使用的主要技能处于德雷福斯模型的什么位置。列举出你目前的技能水平对你产生了哪些影响。
- 辨别哪些技能是新手应具备的，哪些是高级初学者应具备的，等等。在评估时注意可能会出现二阶不胜任的情况。

- 对于每项技能，判断你需要做什么才能提高一个级别。在阅读本书后面章节的时候谨记这些例子。

- 回想一下你在项目团队中经历的问题。如果团队知道德雷福斯模型，这些问题会避免吗？以后你会做出哪些改变？

- 想一想你的同事：他们处在哪个技能水平？对你有何帮助？

第3章 认识大脑

从你出生那一刻起，大脑就开始运转，只有当你站起来向公众演讲时才会停止。

——George Jessel 爵士[1]

大脑是现有的最强大的计算机。但是，它与我们所熟悉的计算机不完全一样，事实上，它有一些非常奇怪的特点，既可能让你失败也可能助你成功。因此，在本章中，我们将研究一下大脑是如何运转的。

我们将会看到直觉来自何处，研究如何更好地利用它从而使自己更专业，同时分析为什么很多你认为"无所谓"的事情实际上对你的成功至关重要。

因为我们对计算机非常熟悉，所以如果把大脑及其认知过程按照设计一个计算机系统的方式来说明可能更容易理解。

但是，这只是一种比喻。毕竟大脑不是机械设备，不是计算机，它是不可编程的。甚至，你根本无法以完全相同的方式把同一个动作执行两次，而计算机是能做到的。

这不是硬件问题，与肌肉完全无关，这是软件问题。实际上，大脑每次对你的动作进行的设计都会稍有不同，这让高尔夫球选手、棒球投手和板球选手都非常失望[2]。

大脑是非常复杂的东西，需要花费非常多的时间来对其进行分析和研究。所以，请记住我只是做了一个类比——但是我希望这会有所帮助。

运用类比，我们可以这样说：大脑的配置为双 CPU，单主机总线设计，如图 3-1 所示。

我们将在本章和下一章看到，这种双 CPU 设计暴露了一些问题，同时也提供了一些

---

[1] 英格兰法学家，首位犹太裔英格兰及威尔士副总检察长。
[2] 参见 *A Central Source of Movement Variability* [CAS06]。

你原本没有意识到的绝佳机会。

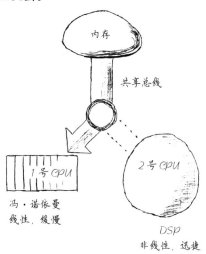

图 3-1 这是你的大脑

3.1 双 CPU 模式

1 号 CPU 可能你最熟悉：它主要负责线性、逻辑思维和语言处理。它就像传统的冯·诺依曼式 CPU，按部就班地处理指令。1 号 CPU 相对缓慢，使用了大脑中相对较少的一部分资源。

它采用了一个"空闲循环"的程序运行。如果 1 号 CPU 没有处理任何其他指令，它就只会生成一个语言的内部流。这就是你大脑中的那个微弱声音[①]。

但是，2 号 CPU 则有很大不同。不再是采用线性、按步执行的方式，而更像是一个神奇的数字信号处理器。它就是大脑中的 Google：把它想成一个超级正则表达式的搜索引擎，负责处理搜索和模式匹配。像 Google 一样，它可能会抓住不明显相关的匹配模式。当你"思考"其他事情时，它可以去寻找搜索，然后异步地返回结果集——可能数天之后了。由于 2 号 CPU 不做任何语言处理，这意味着它的结果也不是言语可以表达的。

请注意这两个 CPU 共享通往内存核心的总线，每次只有一个 CPU 可以访问内存。这意味着如果 1 号 CPU 占用总线，2 号 CPU 则无法获取内存执行搜索。同样，如果 2 号 CPU 在进行一个高优先级的搜索，1 号 CPU 也无法访问内存。它们互相干扰。

---

① 希望你刚刚听到了这个声音。

这两个 CPU 对应着大脑中两种不同的处理方式。我们把 1 号 CPU 的线性处理风格称为线性模式，或简称 L 模式。我们把 2 号 CPU 的异步、综合处理风格称为富模式，简称 R 模式。

两个 CPU 提供了 L 型和 R 型处理模式。
Two CPUs provide R-mode and L-mode.

这两种模式你都需要：R 型对直觉、问题解决和创造性非常重要。L 型让你细致工作并实现目标。每一种模式都有助于大脑的工作，如果想获得最佳性能，需要两种模式协同工作。下面让我们研究一下这些重要认知模式的细节。

内存和总线竞争

R 型对日常工作非常重要：它好比针对长期记忆和"进行中"的想法的搜索和搜索引擎。但正如我所提到的，R 型没有做任何语言处理。它可以检索和识别语言元素，但是它本身不能处理语言元素，这是由于 L 型和 R 型之间的内存总线冲突所造成的。

全息记忆

记忆是全息存储的，也就是说记忆具有全息图像的某些属性。[*]

在一个真正的全息图中（使用激光制作），胶卷的每一张都包含整个图像。也就是说，如果你把胶卷分为两半，每一半仍然具有完整的图像，只是保真度或者分辨率低一些。你可以继续无限分割胶卷，越来越小的每一片仍然包含了整个图像的代表。这是因为整个图像被分散存储在整个胶片中，每一个小部分都包含着整体的代表。

科学家们用老鼠研究了这一现象。研究人员首先在一个迷宫里训练一群老鼠，然后用手术刀切除老鼠的一半大脑。（一个孤独的周六晚上，在实验室里还有什么更好的工作可以做吗？）

老鼠仍然可以穿过整个迷宫（虽然想起来有些可怕），只是随着研究人员切除越来越多的大脑，老鼠们越来越无法精确定位。[†]

[*] 参见 *Hare Brain, Tortoise Mind: How Intelligence Increases When You Think Less* [Cla00]。

[†] 参见 *Shufflebrain: The Quest for the Hologramic Mind* [Pie81]。

举例来说，你是否有过这样的经历：在刚睡醒时尝试描述一个做过的梦？很多时候，每当你想要用语言描述时，这个清晰、生动的梦境就会从你的记忆中消失。这是因为图像、情感和整体经验都是 R 型的：你的梦是在 R 型下产生的。当你尝试把梦讲出来时，就开始争用总线。L 型占用了总线，现在你无法获取那些 R 型记忆了。实际上，它们是无法用言语表达的[①]。

人类具有超强的感知能力，其中许多无法有效地用语言表达。例如，你可以立刻认出大量熟悉的人的面孔，无论他们是否改变了发型、穿着，或者肥了 10 磅，还是过了 20 年。

但是，尝试描述你最亲密爱人的脸庞，你会觉得有心无力。你如何把这种识别能力用语言表达出来？你能建立一个数据库来存储你所认识人的脸部数据，并依据这些数据来识别这些人吗？不能。这是一种伟大的能力，它不是基于文字的、语言的、L 型的。

记忆必须刷新

还记得电影《全面回忆》吗？好吧，如果你记不得了，可能你的记忆也被秘密情报组织查禁了。事实证明，这类精神控制完全不是只出现在科幻小说中，只需施加一种特殊酶，记忆就可以被清除。

一种位于突触的称为 PKM zeta 的酶相当于一个微型记忆引擎，它通过改变突触接点结构的某些方面来保持记忆运行。如果大脑某领域的 PKM zeta 酶因为某种原因停止工作了，你就失去了那部分记忆，无论是什么记忆。

长期以来，人们认为记忆有些类似于闪存，它是通过具有实体暂留性的神经元来录制。事实上，记忆由一个执行循环体主动维护着。

即便是在易失性静态 RAM 中，只要加电数据就可维持。事实上，大脑没有静态 RAM，而是具有动态 RAM，RAM 需要不断刷新，否则数据就会消失。这就是说，甚至连骑自行车也不是想当然可以做的事情。你可能忘掉一切。无论曾经有过多么痛苦或美好的经历，你都可能丢失。

因此，大脑不是软件。软件不会老化，不会退化。但是，大脑必须刷新，必须使用，否则就会丢失记忆。如果大脑停止运行，它就忘记了一切。

感谢 Shawn Harstock 的提示和心得。

---

① 参见 *Verbal Overshadowing of Visual Memories; Some Things Are Better Left Unsaid* [SES90]。

对于复杂的问题，R型搜索引擎不受你直接意识的控制。这有点类似于你的边缘视觉。边缘视觉对光的敏感度比你的中央视觉更高。这就是为什么你能感觉到某些东西正从你的视野边缘慢慢淡出（比如地平线上的一艘船或是遥远天空中的一颗星星），但是如果你定睛去看它，它就会消失。R型就是意识的"边缘视觉"。

R 型不能直接控制。
R-mode isn't directly controllable.

你是否有这样的经历，一个棘手问题（bug、设计问题或一个遗忘很久的乐队名字）的答案突然灵光闪现，可能在你洗澡的时候？或者在某一天你没有思考这个问题的时候？这是因为R型是异步的。它作为后台进程运行，处理过去的输入，努力挖掘你需要的信息。因而它要浏览的信息非常多。

R型在存储输入方面非常卖力。事实上，可能你的每一次经历，不论多么平淡乏味，都会被存储。但是它不一定被索引。大脑把它存储起来（好比存储到硬盘里），但是不会建立一个指向它的指针或者索引[①]。

曾经某个清晨，你是否驱车上班，然后突然意识到你记不起刚刚过去的十分钟的驾车过程？大脑认为那些不是非常有用的数据，所以没有费力建立索引。这导致想要回忆那些过程有一点困难。

然而，当你努力解决一个问题时，R型进程会搜索你的所有记忆以寻找解决方案。这包含了所有未被索引的数据（比如你在学校里打瞌睡时听的课）。它们可能真的会派上用场。

在下一章里，我们将研究如何利用这一点，找到特定技术来帮助解决R型的其他问题。不过首先，让我们看一看一个非常重要又非常简单的处理R型异步问题的技术。

谁主管这里？

你可能会认为脑子里的叙述声音受你的控制，是有意识的，是真的你。它不是。实际上，当这些词语在你脑中形成时，背后的想法已经存在多时了。而在用口说出这些词语之前，又已经过了相当长的时间了。

[①] 当然，从技术上讲，不存在索引，因此它更像是位于根据降序激活能排列的很长的散列桶的末尾。但从比喻的角度来说，只需要把它当作索引。

从最初的想法到你明白它不仅有时间延迟，而且大脑中没有思想中心轨迹。各种想法层出不穷，互相竞争，不论何时，只有胜利者才会成为你的意识。我们会在 8.2 节深入研究这个问题。

3.2 随时（24×7）记录想法

R 型至多是不可预测的，你需要为此做好准备。答案和灵感会独立于你的意识活动出现，而且不是总在恰当的时候。当你得到一个价值百万美元的伟大想法时，你可能并不在计算机旁（事实上，就是因为你远离计算机所以才更有可能得到这个伟大的想法，稍后将更多介绍）。

这意味着每周 7 天每天 24 小时需要随时准备好记录任何灵感和想法，不论当时在做什么。你可能会尝试以下技术。

笔和记事本

我随身携带飞梭太空笔 Fisher Space Pen 和小记事本。这支太空笔非常棒，可以灵活地用于任何场合[①]。记事本是从杂货店里买的 69 美分的便宜货——轻薄，没有螺旋装订，像一个特大号的火柴盒。我可以随身携带。

索引卡片

一些人喜欢在单张卡片上记录信息。这样你可以更容易抛弃那些行不通的想法，把重要的信息贴到你的书桌记事本、公告板、冰箱上，等等。

PDA

可以使用 Apple iPod、Touch、Palm OS 或者 Pocket PC 等带有记事本软件或者 wiki 的设备（参见 8.3 节）。

语音备忘录

可以使用移动电话、iPod/iPhone 或其他能够录音的设备。这项技巧在你长时开车难以做笔记时特别方便[②]。一些语音邮件服务现在支持语音转文本（称为可视语音信箱），可以把文本和语音原文件发送给你。这意味着不论你身在何处，你都可以拨打免提语音信箱，给自己留信息，然后把文本复制粘贴到你的待办事项、源代码、博客或者其他地方，非常方便。

[①] 朋友们也推荐 Zebra T3 系列，参见 http://www.jetpens.com。
[②] 请使用符合当地法律的免提设备☺

Pocket Mod

这款免费的 Flash 应用可以通过 http://www.pocketmod.com 访问，它巧妙地使用规则的单页打印小册子。你可以选择单行纸、表格、待办事项清单、五线谱和各种其他模板（参见图 3-2）。一张纸和一支迷你高尔夫球场赠送的短铅笔，就可以让你拥有一款非常便宜、一次性的 PDA。

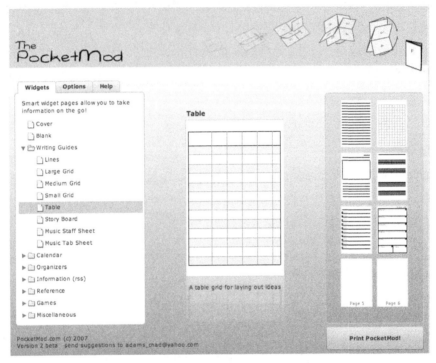

图 3-2　来自 pocketmod.com 的一次性袖珍 PDA

记事本

对于更大的想法和主意，我随身携带一个 Moleskine 记事本（如下文所示）。这种记事本用的是份量重、奶油色、未分行的纸张，这更容易激发新点子。因为它让人感觉比廉价的一次性记事本更耐用，我注意到人们总在想法相对成熟之后才会记录下来，这样就不会过早地将它用完。这太糟糕了，因此我总是保证自己随时准备一个备份的 Moleskine。这就很不一样了。

重要的是，使用一些你总是随身携带的东西。不论是纸、手机、MP3 播放器还是 PDA，这都没有关系，只要你随时可用就行。

> **诀窍 8**
>
> 捕获所有的想法以从中获益更多。

如果你不记录这些伟大的想法，你就不会意识到拥有过它们。

> **Moleskine 记事本**
>
> 最近，Moleskine（http://www.moleskine.com）制作了一款非常流行的记事本。有多种尺寸和样式、分行的或者不分行的、厚的或者薄的纸张。这些记事本带有某种神秘气息，一直被著名的艺术家和作家所偏好，有超过 200 年的历史，其使用者包括梵高、毕加索、海明威，也包括我本人。
>
> Moleskin 的制造商把它称为"思想和感情的蓄水池，发现和认识的动力电池，人们总是可以利用它的能量"。
>
> 我喜欢把它当作我的外部皮层——便宜的外部存储容器，存放那些不适合装在大脑里的东西，只花 10 美元，值得。

上面的结论是对的———一旦开始记录这些想法，你就会得到更多。如果不使用这种方法，大脑就会停止向你提供东西。但是如果你开始使用它，大脑就会非常乐意给你提供比你想要的更多的东西。

每个人都有好点子。
Everyone has good ideas.

每个人——不论教育背景、经济状况如何，不论日常工作是什么，不论年龄大小——都有好想法。但是在这么多拥有好想法的人里面，只有少数人在努力跟踪它们。而其中，又只有更少数人会努力付诸行动。随后，仅有少之又少的人有能力将好想法成功实现[①]。要想达到图 3-3 中金字塔的最顶层，必须跟踪好想法，这是最基本的要求。

---

① 如果你对此表示怀疑，那就问问风险资本家。

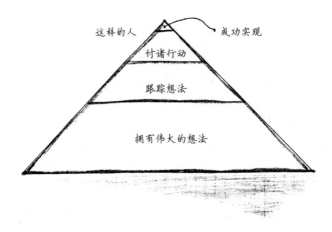

图 3-3　每个人都有好点子，但很少有人付诸行动

当然，这还不够。仅仅捕获想法只是第一步，然后需要处理想法，我们可以用一些特殊的方式使我们的行为更有效。我们会在后面深入讨论（参见 8.3 节）。

准备好做记录的工具，并随身携带……

3.3　L 型和 R 型的特征

当然，除了 R 型的不可预测性之外，L 型和 R 型之间还有很多区别。

如果你曾经说"我犹豫不决"（I'm of two minds about that），也许纯粹字面意思比你的想法更正确[①]。大脑实际上有许多不同的处理模式。每个模式都有其独特之处，当你最需要它的时候它会帮助你。

最快的处理方式是甚至没有到达大脑皮层的肌肉记忆类反应[②]。钢琴演奏家在快节奏的章节演奏中没有时间思考每一个音符。参与的肌肉基本在无意识或无指令的状态下自己完成了整个演奏。

同样，本能的急刹车或者躲避自行车的过程都没有 CPU 参与，这些全部都在"外设"中完成。由于飞速的键盘输入和类似的物理技能对我们程序员来说没有多少意义，所以我不会谈论太多这些无 CPU 的模式和反应。

---

① "two minds"可以理解为两个脑半球。——译者注
② 皮层（cortex），来自拉丁语，本意是树皮，是大脑灰质的外层，对主动思维至关重要。

当然，我们要谈论很多 R 型和 L 型的思维方式和响应，并看看它们能为我们做什么。

在 20 世纪 70 年代，心理生物学家 Roger W. Sperry 开创了著名的"裂脑"（split-brain）研究，从中发现了左右半球处理信息的方式截然不同。（为了增强其可信性，我想提一点：他因这项研究获得了 1981 年的诺贝尔奖。）

首先，做个小实验。坐下，抬起右脚顺时针旋转。与此同时，用右手在空中写数字 6。

请注意，你的右脚会改变旋转方向。这就是大脑关联的结果。剪断这种关联，就会发生两件事：你会有一些非常奇怪的行为，然后研究人员则有机会深入研究大脑[①]。

Sperry 的研究中选取的患者都做过切断胼胝体手术，这种手术导致他们的左右半球再也无法沟通和协调。现在关联切断了。这样一来，观察哪个半球独立负责哪些具体行为和能力就相对容易些。

例如在一项实验中，研究人员在同一时刻为这些裂脑患者的两只眼睛展示了不同的图片，如果要求他们说出看到的图像，他们会报告右眼看到的画面（使用了负责语言的左半球），但是如果要求他们触摸图片以确定图像，他们就会报告左眼看到的画面（这关联到非语言的右半球）。图 3-4 揭示了这一现象。

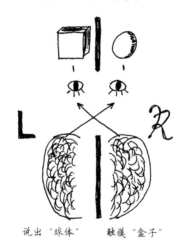

图 3-4　裂脑客体显示了感观的差异

Sperry 最早指出了脑半球各自不同的功能，在现代词汇中首次引入了词条左半球和右

---

① 为治疗癫痫病患者的经常痉挛，脑科医生切断了这些患者的胼胝体，他们成为大脑被一分为二的"裂脑人"。Sperry 则邀请这些人进行"裂脑人"实验。——编者注

半球。事实上，正如下文解释的，这种说法不完全正确，所以我把这些模式称为线性模式（L型）和富模式（R型）。

Sperry、Jerre Levy 和后来的研究人员确定了每个模式所关联的功能[①]。

左脑与右脑

本质上不存在左脑思维和右脑思维这样的东西，大脑的各种脑叶和不同层次的结构体之间的协作分布得非常均匀，不论是古老的爬虫类脑部[②]，还是最新发现的大脑新皮质，它们之间都有协作。但是尽管有这样的协作，我们仍然拥有两种不同的认知风格——CPU 1 号和 CPU 2 号。

这两种不同的认知风格有很多名字。在流行心理词典中，它们被称为左脑思维和右脑思维。但是，这种表达不太恰当，因为神经细胞的行为比这种划分更加复杂，然后就诞生了很多其他名词。

Guy Claxton 在 *Hare Brain, Tortoise Mind: How Intelligence Increases When You Think Less* [Cla00] 一书中把它们称为 d 模式和潜意识。d 模式的"d"代表"故意的"。潜意识模式则强调了 2 号 CPU 是在无意识下运行的。

Dan Pink 在 *A Whole New Mind: Moving from the Information Age to the Conceptual Age* [Pin05] 一书中将它们称作 l-directed 和 r-directed。

Betty Edwards 博士在 *Drawing on the Right Side of the Brain* [Edw01] 一书中首次打破了左右脑的区分模式，将它们称为 L 模式和 R 模式。

为了明确每种认知模式的本质，我在本书中使用线性模式和富模式，简写为 L 型和 R 型。

3.3.1　L 型处理特点

L 型处理令人感到舒适、熟悉而轻松。L 型提供以下 9 种能力。

[①] 参见 *The New Drawing on the Right Side of the Brain* [Edw01]。

[②] 脑干位于头颅的底部，自脊椎延伸而出。人脑这一部分的功能是人类和较低等动物（蜥蜴、鳄鱼）所共有的，所以脑干又被称为爬虫类脑部。

语言能力

使用词语来命名、描述和定义。

分析能力

有理有节分析事情。

符号能力

用符号表示事物。

抽象能力

抽取小部分信息（本质），并用其表示事物整体。

时间能力

遵时循序。

推理能力

基于理智和事实得到结论。

数字能力

使用数字计数。

逻辑能力

基于逻辑（定理、明确的论点）得出结论。

线性思维能力

按照关联、依序推演问题和思考，经常会得出收敛性结论。

这显然是白领们、信息工作者和工程师们最渴望的本领。上学时测试的就是这些能力，工作中使用的也是这些，并且它们非常符合我们到目前为止都很欣赏的计算机系统。

但是，毕加索[①]曾说过一句著名的话："计算机一无是处，它们只能给你答案。"发表如此异端的言论，他有何依据呢？

[①] 巴勃罗·毕加索（1881—1973），20 世纪现代艺术的主要代表人物之一，是当代西方最有创造性和影响最深远的艺术家。——编者注

如果"答案"是无用的，那么这就意味着问题更重要。事实上，那种对事物截然相反的看法正是 R 型思维的一个标志。对于我们这些 L 型思维根深蒂固的人来说，R 型特点听起来有一些奇怪、不协调甚至非常不舒服。

3.3.2 R 型处理特点

相比 L 型，R 型提供如图 3-5 所示的能力。正如我们将马上看到的，这些都是非常重要的，但是你会立刻注意到直觉（专家的标志）就在其中。

图 3-5　R 型属性

R型是非语言的，它可以获取语言但是不能创建语言。它喜欢综合学习：集合事物形成整体。它总是如实地反应事物，从这一点来说，它非常具体实在，至少目前是。它使用类比来评价事物之间的关系。它喜欢听好听的，而且不愿意为守时而费心。它不受理性的约束，因为它不需要基于原因或者已知事实来处理输入——因而，它完全愿意暂时不作任何判断。

R型绝对是注重整体的，总是希望一次就能看到事物整体，感知整体的模式和结构。它具有空间性，喜欢弄清楚事物之间的空间关系，部分如何形成整体。最重要的是，它是直觉性的、跳越性的思维，通常基于不完整的模式、直觉、感觉或者视觉影像来做判断。

但是总的来说，这种模式令人感到不那么舒服。这些特点似乎更适合艺术家和其他奇才。而不是工程师，也不是我们[①]。

那么"非理性"呢？那近乎于无理取闹。许多程序员宁可被以谋杀罪起诉也不愿意被指责做事完全不理性。

但是很多站得住脚的思维过程都不是理性的，包括直觉，可这都没问题。你结婚了吗？如果已经结了，那么当时你是很理性地作出这个决定吗？也就是说，你是不是列举了所有的优缺点，或是采用了决定树或矩阵来通过逻辑的、理智的方式做出的决定？我猜没有。

"非理性"没有什么不对，思维过程是非理性或者不可重复的并不意味着它是不科学的、不负责任的、不合适的。

> **很多能力就这么浪费了。**
> **Power is going to waste.**

对德雷福斯模型的讨论是否让你觉得不舒服呢，因为它不是可证明的事件风格理论？如果是，那这就是你L型的偏见表现。

我们没有使用的R型处理方式其实很有价值，很多能力就这么浪费了。我不知道你是什么情况，坦率地说，我能够使用我能得到的全部的大脑能力。R型有很多有趣、未充分挖掘的能力。

---

① 它们甚至无法衡量。HR不能估量或奖励这些技能，至少不能像对待L型技能一样容易。

3.3.3 为何要强调 R 型

我们需要更多地使用 R 型,因为 R 型能够提供直觉,这是成为一名专家所迫切需要的。没有它,我们就不能成为专家。德雷福斯模型强调专家对隐性知识的依赖,这也属于 R 型的范畴。专家依赖观察和区分模式,这里也有模式匹配。

R 型的类比和整体思考方式对软件架构和设计非常有价值,好的设计就是由这些组成的。

你综合学习的频率可能已经比你想象的要多。面对复杂的设计问题或者难以修改的 bug,优秀的程序员通常都有冲动去编码和构建,由此可以从中学习。这就是 R 型的综合,而不是 L 型的分析。这就是为什么我们喜欢原型和独立的单元测试。它们给我们综合学习的机会——通过构建。

事实上,综合是一项非常强大的学习技术,以至于麻省理工学院媒体实验室的尼葛洛庞蒂[①]在 *Don't Dissect the Frog, Build It* [Neg94]中建议,真正想要了解一只青蛙,传统的解剖不是办法,更好的方式是构造一只青蛙。

也就是说,要求学生构造一个具有青蛙特征的生物。这是一种伟大的方式,可以真正了解到,什么使青蛙成之为青蛙,以及青蛙如何适应其特定环境。这是一个综合学习的绝佳例子。

> **诀窍 9**
> 综合学习与分析学习并重。

但是,使用综合作为学习手段只是一个开始。事实上,你可以做很多事情来提高大脑解决问题的能力,比如适当同时利用两种思维模式——包括一些简单的技巧,如一边打电话聊天一边想着涂鸦,而同时随手把玩小东西,以及一些真正有趣、异乎寻常的技巧。

让我们看一看这些技术,来了解该如何正确使用你的大脑[②]。但是首先,让我稍微跑个题来看看这里面临的一个更重要的话题,探讨一下为什么 R 型比你想象的还重要。

---

① 尼古拉斯·尼葛洛庞蒂,麻省理工学院媒体实验室创始人,100 美元笔记本计划发起人。

——编者注

② put you in your right mind,双关,right mind 既可以解释成右脑,也可以解释成正确的含义。

——译者注

3.4　R 型的崛起

正如你在查看 L 型和 R 型特征时所感觉到的，我们有一点倾向于 L 型思维方式和相关的活动，同时我们可能倾向于摒弃 R 型思维，认为那是弱者的领域。R 型就像一个古怪的遗留物、退化的附属品，来自于某个久远的年代，在那时人类相信地球是平面，雷电是不可见的诸神战争的结果。

没错，正是 L 型的思维方式区分了人类和普通动物。它带领人类走出森林和热带雨林，走进村庄和城镇，从田间地头走入工厂车间，最终坐在办公桌后面使用起了 Microsoft Word。

> L 型是必需的，但仅有它是不够的。
> L-mode is necessary but not sufficient.

尽管 L 型思维方式的分析和语言能力带我们走了这么远，但是我们已经因为过度依赖 L 型而失去了一些 R 型的重要能力。为了前进，为了推进人类发展的下一次革命，我们需要学习将大大忽略的 R 型与 L 型重新集成。

现在，你可能正担心我会让你触碰自己的童心或者其他一些看上去微不足道的事情，在你还没有厌恶地把这本书扔掉之前，让我来告诉你罗伯特·卢兹[①]的故事。

卢兹先生曾经是一名海军陆战队队员和飞行员。《纽约时报》曾经登载过他的照片，从此照片看他是一个一本正经、方下巴、平头的家伙。当我编写本书时，他担任通用汽车北美公司的主席。这可是一项相当严肃的工作。

然而，在接受《时代》周刊的采访时，卢兹先生是这样谈论通用汽车的未来发展方向的："它更多是右脑思维……我发觉我们在做艺术行业。艺术、娱乐和移动雕塑，巧合的是，也同时提供运输服务。"

他没有谈论设计或特征。弹出式杯座和 iPod 连接器，这些曾经很新颖的设计如今每辆车都有。相反，他在谈论美学。

但是，谈论这个话题的不是高高在上的艺术家或者拥护某些疯狂理论的研究人员，而是美国第三大公司的老板[②]。卢兹认为关注美学是那个历史点上正确的行动方针。

---

① 罗伯特·卢兹（Robert A.Lutz），通用汽车副总裁兼产品开发部部长。——编者注
② 当时是 2006 年，然而汽车业依然举步维艰。

Dan Pink 在他的畅销书 *A Whole New Mind: Moving from the Information Age to the Conceptual Age*[Pin05]中同意这种看法。Dan 有力地证明了，基于经济和社会的发展，这些艺术的、美学的 R 型属性不再专属于那些想亲手制作贺卡的玛莎·斯图尔特[①]式的人。相反，那些平凡的、悠久的主流业务绝对也需要这些属性。

3.4.1 设计胜于功能

下面举个例子，来看看商品化的影响。假设你是一个大型零售商，需要卖一些日用品，例如洁厕刷。你无法在价钱上竞争，任何人都可以用不到一美分的钱买到廉价的洁厕刷。那么该如何让你的产品与众不同呢？

> *商品化意味着美学品味的竞争。*
> *Commoditization means you compete on aesthetics.*

美国大型零售商特吉特百货公司（Target）售卖的洁厕刷是由著名的设计师、建筑师 Michael Graves 设计的，他们将此作为卖点，从而解决了这个问题。既然无法在价格上有竞争力，你必须在美学品味上赢得竞争。

让我们放下洁厕刷，来看看更接近心灵和耳朵的东西：iPod。领先市场的 iPod 所有功能都比其他同类产品更优秀吗？或者它只是设计得更好、更符合审美情趣呢？

咱们从包装本身说起。iPod 的包装不是很繁琐，只是说明了 iPod 可以容纳多少歌曲和视频，有一张漂亮的图片，简洁优雅。

相比之下，在 YouTube 网站上有一段恶搞的视频，展示了如果是微软设计的 iPod 会是什么样子，极尽嘲讽之能事：包装盒非常复杂，上面密密麻麻写满了文字、商标品牌、图标、免责声明，等等。

包装盒里装有多页折叠的法律条款、第三方的声明，用大号字体标明内存为 30G 字节 model*。（星号表示 1G 字节不完全等同于 10 亿字节，真正能使用的内存空间视情况而定，总之，你无法使用所有的空间。我猜包装盒也会提到如果你下载盗版 MP3，你就会万劫不复。噢，我跑题了……）

请注意重要的一点：iPod 说的是它能容纳多少首歌曲。

[①] 玛莎·斯图尔特是一个传奇，她创办了玛莎·斯图尔特家庭用品公司，曾担任公司的 CEO 和创意总监。她是家政领域的女皇，全美最具影响力的女性之一，其身后是无数以追求生活品质而自我标榜的如痴如醉的拥趸。——编者注

说歌曲，而不是说字节。

It's about the songs, not gigabytes.

而这个微软风格的恶搞产品（和很多真正的同类产品）说的则是它可以容纳多少G字节。顾客并不关心字节数，只有我们这些geek关心。人们真正想知道的是它可以存放多少首歌曲或者多少相片或视频[①]。

iPod设计出众、极具吸引力，从包装到用户界面都是这样。事实上，这不仅仅是裹以糖衣的营销方式，而且具有吸引力的事物的确可以表现得更好。

3.4.2 吸引力更有效

一些研究[②]都表明具有吸引力的用户界面要比不具吸引力的（或者使用科学术语——丑陋的）界面更易于使用。

日本的研究人员针对银行 ATM 界面做了一项研究，发现令人愉悦的美观按钮布局要比丑陋的布局更容易使用，即使它们的功能和工作流程是相同的。

考虑到也许这里有文化偏见的影响，这些研究人员在以色列做了相同的实验。实验结果更加明显，尽管这是在一个完全不同的文化中。但是，怎么可能呢？审美因素仅仅是一种情感反应，不可能影响认知过程。它可以吗？

是的，它可以。事实上，另外的研究[③]证实了这一点：积极的情感对学习和创造性思维非常关键。处于"高兴"的状态可以扩展你的思维过程，激活更多的大脑物质。

甚至是公司的商标也能影响你的认知。美国杜克大学[④]的一项研究表明，短暂接触一下苹果公司的商标会使人更具创造力。一旦你接受了某种固化形象，你的行为就会受到与这种固化形象相关联的行为的影响。在本例中，苹果的商标，与叛逆、创新和创造力相关，这会促使你勇于创新，富有创造力。

---

① 据传，这段恶搞视频实际上是微软内部的一个设计小组制作的，可能是为了发泄他们对自己在工作中无法大展手脚的不满。

② 参见 *Emotional Design: Why We Love (or Hate) Everyday Things* [Nor04]，*Apparent Usability vs. Inherent Usability: Experimental Analysis on the Determinants of the Apparent Usability* [KK95]，和 *Aesthetics and Apparent Usability: Empirically Assessing Cultural and Methodological Issues* [Tra97]。

③ 参见 *A Neuropsychological Theory of Positive Affect and Its Influence on Cognition* [AIT99]。

④ 参见 *Automatic Effects of Brand Exposure on Motivated Behavior: How Apple Makes You "Think Different"* [FCF07]。

反之同样成立。当你害怕或者生气时（充满了消极的情绪），你的大脑开始停止提供多余的资源，并为反抗或者逃跑做准备（我们将在 7.5 节讨论更多内容）。因此，处于遭到明显破坏的环境中的事物也可能会导致更大灾难。我们已经看到破窗理论（Broken Window Theory）（参见《程序员修炼之道》[HT00]）在现实中存在若干年了。已知的问题（比如代码的 bug、糟糕的组织流程、欠缺的用户界面或混乱的管理）如果不加以改正会产生病毒一样的影响，最终造成更大损害。

禁锢扼杀脑细胞

你可能一直听说，人在出生时拥有一定数量的脑细胞，这就是你所有的家当。脑细胞可能会死亡，但无法再生新的。酒精和年龄增长会杀死脑细胞，这让人一想到老年生活就顿感沮丧，因为与出生时相比失去了太多脑细胞。

幸运的是，伊丽莎白·高尔德教授[①]不这样想。一项发现使这个领域沸腾了，她发现了神经形成——在成年时期，新脑细胞会不断再生。但是有趣的是，之前的研究人员之所以从未发现神经形成，竟然要归因于他们的研究对象所处的环境。

如果你是困在笼子里的实验室动物，你永远都不会产生新的脑细胞。

如果你是困在斗室里的程序员，你永远都不会产生新的脑细胞。

相反，如果处于一个丰富的环境中，里面充满了需要学习、观察和交互的事物，你就会产生大量新脑细胞和新的神经联系。

几十年来，科学家被人造环境（无菌实验室笼子）误导了，因为人造环境只会产生人造数据，这再次证明情境是关键。你的工作环境需要提供丰富的感观机会，否则它真的会损坏大脑。

美学可以改变这些，不论是用户界面、代码和注释的布局，还是变量名的选择和桌面的整理，还是别的任何方面。

---

① 伊丽莎白·高尔德（Elizabeth Gould），普林斯顿大学的神经科学家。——编者注

> **诀窍 10**
>
> 争取好的设计，它真的很有效。

但是我们已经趟入了浑水中：什么使事物变得有吸引力或者索然无味？如何才能把事物设计得美？而这又到底意味着什么呢？

20 世纪最著名的建筑设计师之一路易·康[①]，很好地解释了美和设计之间的关系："设计并不是创造美，美来自于选择、共鸣、同化和爱。"

> **美来自于选择。**
> Beauty emerges from selection.

康解释了美来自于选择。也就是说，艺术不是来自于创造本身，而是来自于选择，从几乎无限的可选项中进行选择。

音乐家有几乎无限的选择方式来组合不同的乐器、音符、节奏和难以定义却易于感知的"手感"（groove）。画家可以在 2400 万种可识别的颜色中选择。作家可以使用整个牛津英语词典（共 20 卷，30 万主条目）来选择最贴切的词语。

创造来自于选择和组装，它要选择最合适的部件，并将它们组装成最合适的表现形式，这就是创作。选择（知道选择什么和在什么情境下选择）来自于模式匹配，我们将会在后面回到这个主题。

3.5　R 型看森林，L 型看树木

模式匹配是专家表现的一项关键能力。它帮助专家缩小选择范围，把精力集中到与问题相关的事物上。

我们感兴趣的绝大多数模式匹配都缺少 R 型参与。但是 L 型和 R 型都有处理模式匹配的各自方法，最终两者你都需要。

考虑下图[②]：

---

① 路易·康（Louis Kahn），美国现代建筑大师，被崇奉为一代"建筑诗哲"。——编者注
② 感谢 June Kim 的贡献。

```
I                   I
I                   I
I                   I
I                   I
I I I I I I I
I                   I
I                   I
I                   I
I                   I
```

这里我们用字母 I 组成了一个字母 H，这种模式称为层次字符。心理学家把这种图片快速展现给实验对象，要求每次只用一只眼睛看，并要求他们识别出大字和小字。

大脑的不同半球处理这种识别问题的方式各不相同。一个半球擅长识别局部（小字符），而另一个则擅长识别全局（大字符）。

实验对象在使用左眼时能良好地回答有关全局模式的问题（主要使用了 R 型）。同样他们使用右眼能很好地回答有关局部的问题（主要使用了 L 型）。但是如果相反的话，结果就很糟糕。这里似乎有很明显的专长区分。

这项实验说明了一个事实：如果你想发现全局、整体的模式，你需要 R 型；如果你需要分析部分和细节，你需要 L 型。对于我们大多数人来说，这种层次的专长就是这样区别的。R 型看森林，L 型看树木。

但是对于极个别的幸运儿，脑半球的区别不是这么明显。特别是，数学天才没有这些差异，他们的大脑更加协作[①]。当他们观察 I 字母或者 H 字母时，两边半球会更均衡地参与其中。

如果你恰巧不是一个数学天才，那么我们需要研究一下促使 R 型和 L 型协作的其他方法：更好地集成 L 型和 R 型处理方式。我们将在下一章看看如何做。

3.6 DIY 脑部手术和神经可塑性

你可以给大脑重新连线。想要在某些领域得到更多能力？你可以重塑自己。你可以重新改造大脑的各个领域来执行不同功能。你可以把更多的神经元和内部连接用于特定技能。你可以根据自己的需要构建大脑。

---

① 参见 *Interhemispheric Interaction During Global/Local Processing in Mathematically Gifted Adolescents, Average Ability Youth and College Students* [SO04]。

先别太兴奋，请把手术刀和钳子收好，有更简单的方法来做脑部手术。我们不需要工具。

直到最近，人们还相信大脑的功能和内部"关联"从我们一出生就固定了。也就是说，大脑的各个局部区域根据确定的规则执行相应的功能。一部分皮层处理视觉输入，另一部分处理味觉，等等。这也意味着你所具有的做事能力和智力在出生时基本就确定了，没有另外的训练或者开发可以使你超越这个极限。

幸运的是，对我们和以后的人们来说这是错误的。

实际上，人类大脑非常具有可塑性，研究人员已经能够教会盲人通过舌头"看"东西[①]。他们利用一个摄录机芯片，将芯片的输出以 16×16 像素的形式连接到患者的舌头上。他的大脑线路重新组织，可以通过舌头上的神经输入来执行视觉处理，结果此人竟然能够在停车场内自如驾驶！同时请注意输入设备没有特别高的分辨率，只有大约 256 像素。但是大脑自行填补进了足够的细节，即使这种低分辨率的输入也足够了。

> **诀窍 11**
>
> 重新连线大脑，坚信这一点并不断实践。

神经可塑性（大脑的可塑本质）也意味着你能够学习的最大容量或者你可以获得的技能数量不是固定的。没有上限，只要你相信这一点。根据斯坦福大学研究心理学家、*Mindset: The New Psychology of Success* [Dwe08]的作者卡罗尔·德韦克的说法，那些不相信自己能增长智力的学生的确做不到。而那些相信自己大脑可塑性的学生则能够很容易提高能力。

思想使然。
Thinking makes it so.

不论是哪种情况，你如何认识大脑的能力直接影响了大脑内部的"组织"。只要想你的大脑有更多学习能力，就会是这样。

这是一个自己动手的 DIY 脑部手术。

脑皮层竞争

不是只有信念有助于重组大脑，其实在大脑中也存在竞争——争夺脑皮层地盘。

---

① 参见 *The Brain That Changes Itself: Stories of Personal Triumph from the Frontiers of Brain Science* [Doi07]。

你持续使用和实践的技能会逐渐占据统治地位,这样一来,大脑里就会有更多的部位被关联起来。

同时,较少使用的技能会失去阵地。"不使用就会失去",这句话用在这里可谓恰如其分,因为大脑会把更多的资源用于你做得最多的事情。

可能这就是音乐家不断练习音阶的原因,这类似于刷新动态 RAM。想做一名更好的程序员吗?那就多编码,深思熟虑,专注实践。想学习一门外语吗?那就投入进去,不停地说,用它思考。大脑会很快意识到并调整自己为这种新用途提供更多方便。

3.7 如何更上一层楼

在本章中,我们研究了大脑的特征,包括 L 型和 R 型认知过程,以及如何通过实践重构大脑。你应该已经意识到 R 型尚未充分使用。

那么如果 R 型如此了不起(或者说至少在目前如此必要),怎么做才能让自己体验更多 R 型的处理方式呢?怎么做才能训练 R 型并更好地协调 L 型和 R 型呢?

我们会在下一章看一看如何更好地训练和协调。

实践单元

❑ 列一张清单,写下你喜欢的和令你失望的软件。美学因素在你的选择中起了多大作用?

❑ 考虑工作和生活的哪些方面使用 L 型,哪些方面使用 R 型。你觉得它们均衡吗?如果不是,你又会怎么做?

❑ 在桌上放一个便笺本(还有车里、电脑旁和床边),使用它。

❑ 另外,随身携带可以 24×7 全天候做笔记的东西(可以是纸、笔或者其他)。

试一试

❑ 有意识地努力学习一种新事物,通过综合而不是分析。

❑ 尝试不用键盘和显示器来设计下一个软件(我们会在本书后面详细讨论)。

第4章 利用右脑

人应该努力学习洞察和培养自己内心深处的灵光一现，这远远胜于外面流光溢彩的整个世界。然而，人总会下意识地抛弃自己特有的想法，仅仅因为那是他自己的想法。

——拉尔夫·瓦尔多·爱默生（1803—1882），
美国散文家、思想家、诗人

在本章，我们将研究一整套提高大脑处理能力的技术。其中有一些你可能非常熟悉，另外一些肯定特别陌生，请不要逃避那些"奇怪"的技术。如果你感到惧怕，不想尝试某些东西，那么这些恰恰就是你应该首先尝试的。

上面引用的爱默生的话指出，我们容易忽略不寻常的或者感觉不舒服的想法，而这恰恰是很糟糕的事情。你丢弃的可能是一生中最有价值的想法。因此，你需要重视头脑中的所有想法。当然，有些想法可能会像《盖里甘的岛》①的剧情一样异想天开，但是不排除你也可能会找到一个能够改变世界的想法。因此，我们将全面研究一下，不论这些想法是好的、坏的还是丑陋的。

你可能知道 L 型处理是什么样的。正是你大脑中的这种感觉使 L 型非常受关注。但是 R 型是什么样的呢？你将会做一个练习，体验一下到 R 型的认知转换，我们会了解多种方式来利用 R 型处理。

我们还会研究如何更有效地结合 L 型和 R 型，并且会向你展示一系列技术帮助你发挥 R 型的潜能。

---

① 美国 CBS 的一部经典电视喜剧，讲述了 7 名落难者试图逃离荒岛的故事。——编者注

4.1　启动感观输入

要投入更多脑物质去解决问题和发挥创造力，最简便的方式就是激活更多的神经通路。

这意味着扩大感观参与范围——使用与平常不同的感观。不要小看这种作用，研究显示，使用多感观技术可以让学生的学习效果提高 5 倍[①]。即使是特别简单的工作也能受益。

例如，困在一个乏味的电话会议或者思考一个棘手的问题时，试着把玩一下回形针或者做某些触觉游戏就能缓解疲劳。

诀窍 12

增加感观体验以促进大脑的使用。

我见过开发团队通过增强触觉获得成功。他们不是通过商业工具（比如 UML 或者类似的东西）直接创建和记录设计或者架构信息，而是使用积木，颜色各异的玩具积木或者乐高积木。

使用乐高积木做面向对象设计对团队成员来说非常有效：每个人都可以参与，而无需争夺键盘或者白板笔，大家的举止行为更富有活力，还促进了多感观参与。它帮助你把有关系统的各项工作形象化，还激发了想象力。CRC 卡片[②]也同样具有很好的多感官触觉效果。

利用多感观反馈。

Use cross-sensory feedback.

接下来重点看看多感官的反馈。增加一种感官是良好的第一步，现在再来增加多个感官并允许它们交互。假设你要设计并做以下几件事情。

❑ 使用通常的表单写下设计。

❑ 画一幅图画（不是 UML 或者正式的图片，只是一幅图画）。可以使用哪些可视化的隐喻？

---

① 参见 *Improving Vocabulary Acquisition with Multisensory Instruction* [DSZ07]。

② 由 Kent Beck 和 Ward Cunningham 发明，每一种索引卡片上描述了一个类、它的功能和所有协作类。CRC 卡易于查看系统的动态属性，而不是静态属性（如 UML 类图）。

- ❑ 使用语言描述它。
- ❑ 与小组同事作公开讨论，回应问题和批评，等等。
- ❑ 扮演各种角色。（想起什么隐喻了吗？我们会很快详细讨论隐喻。）

最后一点非常有效，在 4.2 节有些真实示例。

注意，这些活动用到了其他的感官和交互方式。当你动用一个其他的输入模式，你就可以激活大脑的更多区域，也就启用了更多的处理能力。

小学教育工作者很早就知道，多感官的反馈是增强理解和记忆非常有效的方法。这是一项相当成熟的教学技术。这可能就是为什么你读小学时曾被强迫制作丑陋的古罗马透视画或者庞贝[①]的纸质塑像。

刺激你的大脑。
Feed your brain.

大脑总是渴望接受这种额外的、新奇的刺激。大脑擅于持续适应变化的环境。因此，要定期改变环境，满足你的大脑。任何一种感官的参与都可能是有益的，你可以牵着狗漫步在沙沙作响的树叶上，打开窗户感受一下今天的天气（事实上是呼吸一下新鲜的空气），或者只是走进休息室、健身房（那里的空气可能稍差，不过锻炼对提高大脑性能同样非常有用）。

4.2 用右脑画画

我已经说了很多次，我们没有充分利用自己的 R 型能力。好了，我们要做一个小实验来证明这一点，看一看如何有意进入纯 R 型认知状态。

我在欧美各地做过很多次演讲，演讲内容大多汇入了本书。演讲中我最喜欢的一个环节就是，我会询问听众一个非常简单的调查问题：告诉我你的绘画水平。结果总是一样的。

在一群 100 名技术人员（程序员、测试人员和经理）的听众中，可能有一两个人会说绘画非常好，可能另外 5~8 个人表示画得还凑合但不能算精通。任何情况下绝大多数人都符合我的判断：我们画得很差，只是鬼画符。这是有原因的。

---

① 庞贝（Pompeii），古罗马城市，始建于公元前 6 世纪，公元 79 年毁于维苏威火山大爆发。

> **绘画即是观察。**
> *"Drawing" is really about seeing.*

绘画是一种 R 型活动。让我们花一点时间来解释一下我所说的绘画的意思。绘画真的不是在纸上做标记。任何一个具有正常行动能力的人都可以按照绘图和素描的要求在纸上做合适的标记。困难的部分不是绘画的结果，而是观察。这种可视的洞察力是一项 R 型任务。

这个问题的关键是共享总线，我前面为你介绍过（见第 3 章）。如果 L 型占用了这条总线，就会阻碍 R 型干活。有趣的是，很多常见的休闲活动都能够激活 R 型并停止 L 型的占用：听音乐、绘画、静思、慢跑、针线活、攀岩，等等。

为了访问 R 型，必须给大脑分配一个会被语言性、分析性的 L 型拒绝的工作。或者正如杰尔·利维[1]（加州理工学院罗杰·斯佩里博士的杰出学生）说的，你需要"创造条件让大脑转移到其他的信息处理模式上——意识的细微转变，帮助你更好地观察发现"。

> **限制认知干扰。**
> *Limit cognitive interference.*

在 20 世纪 70 年代末，艺术教师贝蒂·艾德华博士[2]写了一部杰出的著作——《用右脑绘画》。这很快成为教授我们这些新手绘画的流行技术。艾德华扩展了斯佩里博士的工作，她认识到很多人绘画困难的原因是受到占主导地位的 L 型的认知干扰。

L 型是符号机器，可以为一些感官输入快速提供符号化表示。这对于阅读和写作这样的符号性活动很好，但对其他活动就不合适了。

角色扮演

乔安娜·罗斯曼[3]描述了她利用角色扮演解决一些设计问题的经历。

"这个团队当时正在进行一个项目以挽救公司。他们准备采用一种新的方式来处理排队请求进入系统。我建议为每个人分配一个角色。日程控制者拿

---

① 芝加哥大学生物心理学家。——编者注
② 美国加州大学的艺术学博士，著名画家。——编者注
③ 世界知名的管理顾问，擅长高科技产品开发管理，经验丰富。她的著作《项目管理修炼之道》已由人民邮电出版社出版。——编者注

着一个哨子，请求者站在合适的队列里，管理者告诉请求者该往哪里走，等等。

"一些人觉得这有些愚蠢，但是每个人都累了，想要做些改变。我们自己对角色做了标记。我拿着秒表计时，同时用纸板记录信息。然后我们就开始了。

"开始，一些人互相撞到了一起（他们脸上的表情太好玩了）。接着我们对设计做了更改。重新分配角色，通过了一些常见的场景。每当我们准备好一个场景都会意识到会有另外一个时间问题。

"这次活动足够让人们认识到，把 30~60 分钟时间花在角色扮演上要比花在设计复审会议更有价值。

"角色扮演设计不是公开讨论，而是用实际行动参与和观察设计。"

琳达·莱辛描述了扮演的另一个用途：培训团队。在向团队介绍一种新框架的数次糟糕经历之后，她和同事大卫·得拉诺决定在下一个团队中用表演来模拟框架。这次，开发人员们不再抱怨没有听明白，而是抱怨表演简直浪费时间，因为演出的内容简直是"太简单了！"

喔，这都是因为角色扮演真的有效果。

我们来做一个快速测验。请拿出一张纸和一支笔，在 5 秒钟之内，画出你的房子。

用 5 秒钟，试试这个……

我猜你画的东西类似于图 4-1。现在实话告诉我，你的房子真的是这样子吗？除非你住在二维国[①]，否则这决不是你房子的确切样子。是那个曾经有用的L型思维跳出来尖叫道："房子！我知道！就是一个盒子，顶上有个三角形。"

这不是你的房子，就像是你简笔画的人形不是你一样。这是一个符号，表示真实事物的简易速记。但是，很多时候你不需要这种陈旧的符号，你需要的是洞察真实的事物，比如在绘画，或者访谈用户收集其需求时。

---

① 最近有没有见过那种有趣的、正在缩小的圆？参见 *Flatland: A Romance of Many Dimensions* [SQU84]。(《二维国》是个很有意思的中篇故事，作者是英国人 Edwin A.Abbott。故事背景设定在一个二维王国，所有人都是多边形，都不知道三维空间的存在。所以，当一个球体进入和离开这个国度的时候，在他们看来就是一个正在变大和正在缩小的圆。——编者注)

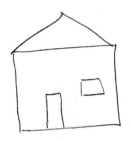

图 4-1　这是你的房子吗

认知转变，感受 R 型

艾德华博士首先提出，要想获得真实的洞察力，你需要关闭 L 型，启动 R 型做其最合适的工作。为了达到这个目标，她推荐了下面的这个实验，帮助你经历一次认知转变。

该实验将告诉你 R 型是什么样子的，只有 4 条规则。

(1) 保持 30~40 分钟的安静，不受干扰。

(2) 复制图 4-2 中的画像。

(3) 不要把书倒过来看。

(4) 不要说出你识别出来的任何部分，只是心中想着向上、向下，这条线往这边拐一点，等等。

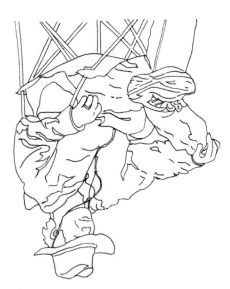

图 4-2　画这幅图

你不能说出你观察总结出的任何特征，这一点非常重要。要只关注线条和它们之间的关系。

做完之后，把图片转过来，你可能会非常惊讶这个结果。

在继续阅读之前，先把这个练习做完……

为什么这样做效果还真不错？

因为你分配给 L 型一个它不想要的工作。通过持续地拒绝说出你观察出的结论，L 型最终放弃了。这不是它能够处理的任务，所以它让路给 R 型处理这件事情，而这正是你想要的。

这就是《用右脑绘画》的观点，针对不同的工作使用正确的工具。

实验中，你感觉怎么样？觉得有什么不同吗？你有没有感觉到忘记了时间而沉浸其中？画画的结果是不是比你平时只是复制它要更好？

如果不是，不要气馁。你可能需要尝试多次才会成功。一旦你经历了这种认知转换，就会更好地理解纯粹的 R 型处理是什么样子的，假以时日会更加容易上手。

4.3 促成 R 型到 L 型的转换

尽管我一直在吹捧 R 型的优点，但这并不是我的全部意图。几年之前有大量的自助类书籍，宣扬了基于右脑的所有优点。我记得甚至还有一本 *Right Brain Cookbook*[①]。

当然，那都是些胡说八道，甚至可以算脑残，是没有意义的。

虽然我们可以利用历来忽略的 R 型处理，但它不是银弹或灵丹妙药。单凭它自己无法解决所有问题，毕竟它不能处理语言。

我们需要的是更好地同步 L 型和 R 型，保证整个大脑可以工作得更好及更有效率。

有一项特别的技术让你实现这一点，我是很偶然发现它的。确切地说，我不是路上巧遇它，而是攀岩时才发现的[②]。

---

① 其实没有这样一本书，这是作者在开玩笑的，讽刺当时夸大右脑功能的现象。——编者注
② 作者此处用了双关语，巧遇（stumble on）和攀岩（climb over）都有发现的意思。——编者注

4.3.1 去攀岩吧

曾经有段时间，我的妻子觉得攀岩比较有趣。很多参与者都觉得没把握——我们以前从没尝试过这个，但是大家都决心一试身手。

在现场，教练走过来，确保所有人都系好了安全带。我们都全副武装地接受检查，检查完毕之后，他走到人群的前面，我们屏住呼吸，准备聆听教诲。

但是，根本就没有什么教诲。他只是告诉我们现在开始攀爬（大体如此）。30 分钟后我们再回来集合。人群中有人在嘀咕——我们为学习攀岩付了昂贵的学费，教练只是不管不顾，把我们扔给了狼群①（对于我们则是扔给了岩石）。教练扬长而去，去喝咖啡了。

因此，我们在岩石上胡乱爬了一会，事实上都不知道自己在干什么。半小时之后，教练出现了，开始讲课，告诉我们如何攀岩。现在，因为我们已经有了一些经验（虽然短暂），所以他的讲解更加有意义。我们可以明白他的指令所针对的一些情境：当他提到通过某种方式转移身体重心，我们明白其用意。这比他一开始直接讲课要清楚得多。

事实上，回想一下，教练的确做得对：他为我们提供了一个探索攀岩运动的安全环境（请注意，他首先确保所有的安全带都系好）。首先让我们经历了多感官的、亲身实践的情境，帮助我们有了初步了解。然后，他再进行一次传统的、充满针对性的授课。

> 建立 R 型到 L 型的转换。
> *Engage an R-mode to L-mode flow.*

他做的事情就是建立了一种从 R 型到 L 型的转换。事实上，这正是你可以用来促进学习的方式。

4.3.2 罗扎诺夫教学法

在 20 世纪 70 年代末，保加利亚心理学家乔治·罗扎诺夫开展了一项实验，他称之为"暗示学习法"②。实验想法是创建一个学习环境有助于 R 型到 L 型的转换。他当时的

---

① 扔给狼群（throw to wolves）英语中表示见死不救的意思。

② 参见 Education Resources Information Center，http://eric.ed.gov。

实验主要针对的是外语培训。

罗扎诺夫教授把他的学生带到一个漆黑的房间里，播放着轻曼的巴洛克音乐作为背景音乐（因为当时是 20 世纪 70 年代，所以不存在背景音乐侵权的问题）。在放松、舒适的环境中，通过使用瑜伽呼吸法和有节奏的练习，他希望可以提高学生专注和吸收新事物的能力。

当学生进入状态后，罗扎诺夫教授连珠炮似地用外语例子对他们狂轰滥炸。没有说教，没有注脚，没有解释，只是展示。另外一组学生则接受更传统的教学方法。

实验效果非常好，接受这种密集教学法的学生比参加传统课程的学生表现更出色。从那时起，很多教育者意识到要利用 R 型的获取能力[①]。

新技术总是让人兴奋，而有些人会太极端，以致于强调纯 R 型技术而完全忽略了 L 型。有一些赶时髦的书过于推崇右脑模式及其他千奇百怪、颇欠考虑的想法。

这就成了捡了芝麻丢了西瓜。你不能忽略思维模式的任何一面：你需要两者协调一致。你需要让 R 型打头阵，然后转到 L 型去"生产"出来。

诀窍 13

　R 型开路，L 型紧跟。

思维的两种方式天生就是一起工作的。例如，首先运用类比方法来解决关联性、理论性的问题，然后运用分析法来验证你的想法。不过请记住，这不是单向旅途，你需要回到 R 型以保持思维的流畅。R 型是源头，你要给它自由、无限的空间。

4.3.3　酒醉写作，酒醒修改

有一位老作家曾经给想要成为作家的人说过一句格言："酒醉写作，酒醒修改。"在你置办培根特醇银龙舌兰酒或吉尼斯黑啤酒想要酒醉之前，先让我们来看看这句话到底是什么意思。

你希望拥有自由的创造空间，不受"常识"或者"实用"束缚。你会有充裕的时间去尽情发挥自己的创造力或随后抛掉那些荒诞的东西，不过首先，你需要顺其自然。

如果想法过早地受到束缚，那么创造力就会被扼杀。与此类似，如果你还没有全局的

---

① 参见 *The Neuroscientific Perspective in Second Language Acquisition Research* [Dan94]。

概念就试图记忆细节，那么学习就会陷入僵局。

先适应它。
Get used to it.

不要太着急。解决问题时，学会轻松面对不确定的事情。进行创造时，坦然面对荒谬和不切实际的东西。学习过程中，不要太迫于学会和记忆，首先只是适应它。试着先理解其意思，掌握主旨思想。

然后再采取传统的 L 型活动走到下一步：从 R 型到 L 型的转换。

教育界按照相同的思路往前迈进了一小步。大卫·格林博士是旧金山加利福尼亚大学朗利·波特精神病研究所的著名研究人员，他认为，为了学生的全面发展，当今的教师肩负三种主要职责[①]。

- 训练两个脑半球，不仅仅是语言性的、符号性的、逻辑性的左脑（传统的），也包括空间性的、关系性的、综合性的右脑。
- 训练学生学会选择适合当前任务的认知方式。
- 训练学生综合利用两种模式解决问题。

较差的草稿初案

坦然面对不确定意味着坦然面对一些不完整、未完成的事物。你应该避免追求完美的冲动想法。美国作家安妮·拉莫特倡导有意识地创建较差的草稿初案。也就是说，完成较差的草稿初案胜于永远也完不成的完美初稿。在她的 *Bird by Bird: Some Instructions on Writing and Life* 一书中，拉莫特解释了完美主义的危害：

"完美主义是压迫者的声音，是人们的敌人。它会束缚你的想法，毁掉你的生命，同时它也会妨碍你创建较差的草稿初案。我认为完美主义基于一种强迫性的想法：如果你足够细致，每件事情都做得很好，那你就不会失败。但事实是，无论怎么做你都有可能会失败，可是很多人即使不太仔细也会做得比你好，而且其间也会拥有更多欢乐。"

你对自己也负有相同的责任。你需要最终协调地、有效地利用 L 型和 R 型。

[①] 参见 http://www.rogerr.com/galin/。

但是相比一般人来说，我们这些自诩受到良好教育的、白领的技术专才有明显的劣势。我们已经高度集中并受益于 L 型思维学习方式，不知不觉忽略了 R 型。我们需要尊重、遵从、培养对于 R 型的注意力。

让我们来看一看让 L 型和 R 型协调工作的其他几种方式。

4.3.4　结对编程

一种使 L 型和 R 型协同工作的有趣方式是让另一个人使用另一类型。也就是说，让你的 L 型和别人的 R 型一起工作，或者是反过来。

> 工作时，一人用 L 型，另一人用 R 型。
>
> *Work with one person in L-mode, one in R-mode.*

极限编程提倡的一个颇为有效且有争议的实践就是结对编程。在结对编程里，两位程序员工作在同一个键盘和显示器前。通常，一位在 IDE 中编写代码（驾驶员），同时另一位（领航员）坐在后面，提出建议和意见，给他出点子。

这样工作效果好的一个原因是，驾驶员锁定在语言模式下，关注一定的细节，领航员则自由运用更多非语言性的区域。这是一种使用两个人来实现 R 型和 L 型共同工作的方法。读者 Dierk Koening[1]这样描述这种经历：

"当结对编程时，我经常感觉到导航员能够进入'模式匹配'模式，而驾驶员则不行。有时这会引起分歧。导航员说：'这里的所有代码和那边的代码完全一样，我是说——除了这些字……'驾驶员则不同意，因为他在驾驶时看不到这些。"

领航员自由地观察这些较大的关系和整体。大多数时间，你在驾驶时无法看到这些关系。因此，如果你没有结对编程，你肯定需要经常停下，暂时离开键盘。

当你与人交谈或者在白板或纸上和别人携手工作时，你的思维往往会变得更加抽象。你就更可能发现新的抽象模式，这也正是我们所有程序员所期望的。

这种抽象意识增长的现象在对高中生的一项实验[2]中得到了证实。这些学生要求解决如下问题：5 个咬合的齿轮在桌子上水平一字排开，就像是一排时钟。如果你把最左

---

[1] *Groovy in Action* 的作者。——编者注

[2] 参见 *The Emergence of Abstract Representations in Dyad Problem Solving* [Sch95]。感谢 June Kim 的指点和总结。

边的齿轮以顺时针转动，那么最右边的齿轮如何转动？

要求一些学生独立解决这个问题，而另一些人则结对解决，同时研究人员逐步地增加齿轮的数量。当齿轮数达到131个时，很容易看出谁已经发现了其中的抽象模式（在本例中，是著名的计算机科学的对等定则），谁没看出来。只有14%的独立解题者发现了这一规则，但是高达58%的结对者发现了。

在另一项实验中，一对学生在一个非常具体的问题陈述的基础上，提出了一个抽象矩阵表示法。研究人员是这样记载的：

> ……实验者询问他们是如何提出这个矩阵的。其中一人说：“他想用列，而我想用行。”为了协调在这个问题上的两种观点，他们想办法提出了这个包含了行和列的矩阵模型。
>
> ——施瓦茨等人

要想发现有用且有趣的抽象特征，相互配合是一种经得起考验、行之有效的方法。

4.3.5　隐喻相通

正如我们所看到的，L型和R型处理过程截然不同，但是在你的大脑中它们存在一个会合之处——一个创造力转化为新创意的地方。L型和R型在隐喻上（也就是创建类比的过程中）相通。

“隐喻，语言和意象共同的地基，是在左右脑半球之间，在潜意识和意识之间来回游弋的途径。”[①]

隐喻是一种激发创造力的强大技术。

> **诀窍14**
>
> 使用隐喻作为L型和R型相融之所。

现在，听到隐喻和类比，你可能会回想起小学时可怕的语文课。但是事实上，我们一直在使用隐喻。我们在计算机屏幕上所说的窗户（window）并不是真正的窗户。鼠标（mouse）也不是真的老鼠。硬盘上的文件夹（folder）也不是真的，回收站（trash）也不是真的垃圾桶。

---

① 参见 *Conscious/Subconscious Interaction in a Creative Act* [GP81]。

当你使用线程（thread）编写并发程序时，你不是在做针线活。这只是一个隐喻。更别说 Unix 上的僵尸进程（zombie process）或字体排印上的寡妇（widow）和孤儿（orphan）了。

我们总是使用隐喻。事实上，认知语言学家乔治·莱考夫[1]认为如果不使用隐喻我们甚至不能思考。（*Women, Fire, and Dangerous Things: What Categories Reveal About the Mind* [Lak87]）大多数人不是特别善于处理抽象概念。使用隐喻把抽象的概念与一些具体的、日常可见的事物联系起来，就更容易让人们理解它。

但是隐喻有不同的能力。一般情况下，日常的隐喻更像是 L 型的符号表述。另一方面，更高级的隐喻则更强大，它们能够改变我们的思维并激发我们找到答案。是什么引起了这种不同呢？

4.3.6 并列参照系

隐喻（metaphor）源自希腊语 metaphora，意思是"转移"，表示你正在以一种事实上不可能的方式把一个事物的属性转移到另一个事物上。

这种结合不相容的两种方法的概念也正是匈牙利英籍作家、哲学家亚瑟·库斯勒对创造性的定义。[2]在他的模型中，一些特殊的主题域形成一个参照系。从一个自完备的参照系到另一个不同的、意想不到的、不相容的参照系的突然切换是一个强大隐喻的基础。这两种体系的连接点称为异类联想（bisociation）。

当异类联想时，这种联系越不可能（两参照系相距越远），创造性的成果就越大。这种观点是爱德华·德·博诺[3]提出的 Po 技术[4]的基础。[5]Po 是一个自造词汇，超越了"是"或者"否"的二元概念。若干技术采用了 Po，现在，你可以认为它是假设（suppose）的一种超强版本。

---

[1] 乔治·莱考夫，加州大学伯克利分校语言系教授，认知语言学的创始人。——编者注

[2] 参见他在 *The Creativity Question* [RH76]中的文章 *Bisociation in Creation*。感谢史蒂夫·汤普森当异类联想时，提供信息。库斯勒拥有一些令人不安的信仰，并被指控对女性施暴。似乎天才和疯子通常是亲密的伙伴。

[3] 爱德华·德·博诺，创新思维之父，"六顶思考帽""水平思考法""DATT""CoRT 教育思维"的创始人。——编者注

[4] Po，来自于 Provocative Operation（激发性操作），也出现在英文的"假设"（hypothesis）"可能"（possible）"推测"（suppose）等词中，表示万事皆有可能，没有做不到，只有想不到。——编者注

[5] 参见 *PO: A Device for Successful Thinking* [DB72]。

Po 技术之一就是随机并列。你从你的主题域里挑选一个词，然后把它与一个完全随机、无关的词结合起来。举例来说，看看词语香烟和交通灯。现在的挑战就是把这两个完全不相关的概念通过异类联想联系到一起。例如，香烟和交通灯可以引出这样一个概念：在香烟上使用红色标志区来作为帮助戒烟的提示。

> **使用随机并列来创建隐喻。**
> *Use random juxtaposition to create metaphor.*

两个想法差距越远，越难以通过有效的隐喻联系起来。当我们遇到一个格外具有创造性的隐喻且两参照系距离适中，我们就不得不几百年以来一直都颂扬这位作者：

> 轻声！那边窗子里亮起来的是什么光？那就是东方，朱丽叶就是太阳！
>
> 爱情是叹息吹起的一阵烟。
>
> 哲学是逆境中的蜜乳。
>
> ——威廉·莎士比亚

窗子里的明亮之光是什么？它不是天体，是罗密欧在化装舞会上遇见的女孩。[①]爱是一种情感，与字面意义的烟、烟雾或叹息无关，但那将会在脑海中显现多么奇妙的景象啊。你几乎可以看见，小情人们那不可抑制的渴望，像丝丝烟雾一点点汇聚成浓重的云团和雾霭。

烟雾的参照系特征与情感（爱情）的参照系特征联系到一起，把很多已知但未明说的特征施加到情感参考系上。这种从一种参考系到另一种参考系的移植非常强大，我们完全可以加以利用。

这是文学作品中的隐喻，我们的工作中同样也有隐喻。

4.3.7　系统隐喻

极限编程（见 *Extreme Programming Explained: Embrace Change* [Bec00]）的最初发行版中提倡一种有趣的实践：系统隐喻。也就是说，任何软件系统应该能够通过一种适当的隐喻来描述。举例来说，薪酬系统可能被类比成一个邮局，有分布的邮箱、交付时间表等。而一个科学测量系统可能被看做是一个制造系统，有传送带、储存桶等。

---

① 现代贺卡已经使我们习惯这种对比了，但在莎士比亚的时代这种隐喻则有很大的影响。

虽然所有的隐喻最终都会瓦解，但是在这之前我们抱有的想法应该是，一个足够丰富的隐喻有助于指导系统的设计和解决开发过程中出现的问题（这种想法类似于我们在《程序员修炼之道》[HT00]中对系统不变量的讨论）。

隐喻参考系的特征能够印到软件系统，真实世界中隐含的、容易理解的属性逐渐转移到软件本身。

但是，提出一个好的隐喻——能够帮助解决问题而不是产生更多问题——可能是非常困难的。同测试先行、结对编程等广受欢迎的开发方式相比，系统隐喻作为一种实践并未得到广泛应用。

我曾经与极限编程之父 Kent Beck 笼统探讨过隐喻，他说：

"隐喻思维是编程的基础，因为它存在于所有的抽象思维中。如果我们没有意识到隐喻，就可能误入歧途。而混淆隐喻会削弱其自身的能力。为什么要在子类中覆盖方法？（Why do we override a method in a subclass?）清晰的隐喻使代码更易于学习、理解和扩展。"

清晰的隐喻是一种强大的工具，但是我们总是不能正确把握它。Kent 接着说："为什么我们会用错隐喻？为什么 `add()` 相对的函数并不总是 `delete()`?为什么我们向容器中 `insert()` 东西而不是 `add()`？程序员们对隐喻的使用并不认真——表单(table)根本不像桌子，线程（thread）不像线，存储单元（memory cell）既不像记忆也不像细胞。"

我们使用了如此多的隐喻，很多我们都没有察觉到（如窗口、鼠标，等等）。不假思索地提出第一个隐喻是非常容易的，但是这往往不是你能用的最好的隐喻。

提出衍生式隐喻是很困难的。
Generative metaphors are hard.

提出一个非常好的具有衍生式属性且适合情境的隐喻非常困难。没有"隐喻编译器"告诉你它正确与否，你不得不在实践中尝试。使用该隐喻指导你的设计，记住它是如何帮助你的，或者如何不起作用。你不会立刻知道答案，结果是不确定的。正如我们在 4.3 节所说的，你需要坦然面对不确定性。不要强迫自己立即做决定，做到心中有数就好。

在经历一些实践之后，你可能突然意识到你最初使用的这个隐喻是错误的，另一种想法实际上更适合（这当然很好，只需要做一些代码重构）。

如果不习惯于主动创建隐喻，你可能会发现实践一个系统级别的隐喻很困难[①]。但是有一种足够有趣的方法可以提高你创建隐喻、类比的能力。

4.3.8 讲个笑话吧

幽默既不是浪费时间，也不是无害的消遣，而是反映了思维、学习和创造所必需的重要能力。它与联系有关。

幽默产生于在不同的想法中制造新奇的联系。这听上去可能有些荒唐，不过幽默往往就建立在识别关系并扭曲关系的基础之上。例如，"我最好的朋友带着我老婆跑了，我真的很想念他。"你还以为主要关系是说话者和他的老婆，但事实上他与好朋友的关系是他想要强调的，这种扭曲的联系就显得很有趣。

Take my wife.

来自于汉尼·杨曼[②]的经典名句："Take my wife. Please."起初，你可能认为"take my wife"只是一个惯用语，意思是"例如，考虑一下我妻子的感受"。可后来你才意识到这是一个悲伤的请求[③]。语锋陡转正是幽默的来源。创造力来自于你意识到"take my wife"具有多重含义并利用这种潜在的可能性来制造误解。

众所周知，喜剧演员史蒂夫·赖特经常会打一些生动有趣的比方，例如，他说他的朋友，一位电台播音员，在开车经过一座大桥下时就会消失。其实，赖特是作了一个类比，既然电台信号在大桥下可能消失，那么电台播音员也可能会这样消失。他还说曾经偶然用车钥匙开家门，开着公寓在大街上兜风。

除了作类比，你还可以超常扩展一个已然存在的想法。举例来说，如果飞机的黑匣子能够幸免于难，那为什么不能让整架飞机安全无恙？

在任何情况下，幽默的能力都来自于发掘或扩展常规之外的关系，真正突破思维界限。急智——能够发现无关事物的联系或者扩展思维突破其界限——是一种值得在团队中实践、锻炼和提倡的技能。

---

① 我个人认为这也是系统隐喻没有广泛应用的主要原因。
② 汉尼·杨曼，美国喜剧演员，以"一句笑匠"著名。——编者注
③ 意指"请把我妻子带走吧"，暗指"我已经受够了"。——编者注

> **诀窍 15**
>
> *培养幽默感以建立更强大的隐喻。*

Have you seen my fishbowl？（你看到我的鱼缸了吗？）隐含的、习惯性的参考系会让你认为我在寻找鱼缸。但是，如果回答是："是的，它刚打了个好球。"那么这么来看，我们就处在一种完全不同的卡通参考系中，bowl 被变成了一个动词①。

通过练习制造这种广泛的联系，你会更精于此。事实上，你会逐渐改变大脑的结构来适应这种新活动。

4.3.9 实践单元

- 创造更多的隐喻。你可以将其作为软件设计的一部分或者更艺术性的东西——自己编笑话、故事或歌曲。
- 如果你在创造隐喻方面是新手，从简单入手，翻翻同义词词典（就是书店里摆放在词典旁边的大厚书或者在线词典程序的"其他"窗口）。
- 要想更深入地研究，尝试 WordNet（适用于所有平台，见 http://wordnet.princeton.edu）。它会提供同义词、反义词、抽象词、具体词和其他各种衍生词。

4.4 收获 R 型线索

尽管 R 型被忽略了很多年，但是它依然在努力工作，在背后勤勤恳恳地匹配各种事实，建立广泛的关联，从乏味的记忆泥淖中获取遗忘已久的重要数据。

事实上，对于你正在为之犯愁、最亟待解决的问题，R 型模式可能早已有了准确答案。

但是，你如何才能得到它？在本章余下部分，我们将探讨有助于发掘、诱导、酝酿、培养你大脑中伟大想法的技术方法。

4.4.1 你已经知道

你可能已经拥有伟大的想法或者知道该如何解决那个极其棘手的问题。

> *一切输入都被存储。*
> *Every input gets stored.*

---

① 意思是"投球"。——编者注

你的大脑存储着它接收到的一切输入。但是，虽然存储着，它不一定会索引这些记忆（用一个更加死板的计算机比喻："存储一个指向它的指针"）。

正如你可以无需记忆上班的路一样（之前已经提到），同样的事情也可以发生在你听演讲时、参加培训时或者读书时，包括现在这本书。

但是，这一切都不会丢失。事实上，当你努力解决一个难题时，你的所有记忆都会被扫描——甚至是那些你无法主动唤醒的记忆。这不是最有效率的（这类似于在一个包含很多行的大表上做 SQL 全表扫描），但是这的确能解决问题。

你是否曾经听到电台里播放的一首老歌，然后在若干天之后突然想起歌名或者歌手？你的 R 型思维一直在背后异步地思考这个问题，直到最终找到相应的记忆。

但是很多时候，答案不是那么容易找到的：R 型毕竟不能处理语言。它可以获取记忆块，但无法处理它，这会导致一些相当奇怪的情景。

4.4.2 伊莱亚斯·豪的奇遇

在 1845 年，一个名叫伊莱亚斯·豪的美国人尝试发明一种实用缝纫机（见图 4-3）。进展不是非常顺利。在经过了漫长、艰苦、一无所获的一天之后，晚上他做了一个非常可怕的噩梦，在尖叫中惊醒，直冒冷汗。

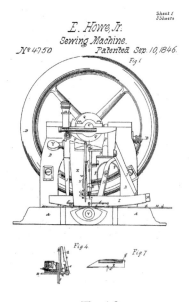

图　4-3

在噩梦中，他身处非洲，被饥饿的食人族绑架。他马上就要被扔进沸水里煮死。他努力挣扎，而猎手们就一直用一种看起来非常可笑的长矛戳向他。

第二天他描述噩梦时说，他的注意力集中在"可笑的长矛"上。因为这些长矛的前端钩子上有洞，这就像是手持缝纫针上的洞，只不过后者是在末梢上。

伊莱亚斯接着获得了自动缝纫机的第一份美国专利，这要归功于他来之不易的灵感：缝纫机针的洞需要与平常的手持针方向相反。

看来伊莱亚斯已经知道了难题的答案——至少，他的 R 型思维早已找回了答案。但是由于 R 型是非语言的，如何交给 L 型处理呢？

许多想法是无法用语言表达的。
Many ideas are not verbalizable.

R 型不得不想办法克服困难，在本例中通过可怕——而且记忆深刻的怪梦来呈现。

事实上，你有很多出色的技能和想法是无法用语言表达的。如前面所说（第 3 章，认识你的大脑），你能够识别数以千计的面孔，但是当你尝试去描述一张面孔——配偶的、父母的或者子女的——不论精确与否，你都无法用语言来形容它。这是因为面部识别（事实上，大部分基于模式的识别）是 R 型活动。

你可能还注意到你无法阅读梦中出现的文字，如道路标志或者大字标题。大多数人都不行。现在让我们赶快来看一看收获 R 型识别的两种不同方法：图像流和自由日记。

无声的力量

一组研究人员[*]做了这样一项实验。他们向学生们展示了在计算机屏幕不同象限随机闪过的一些号码。有些学生在主要号码之前会看到一个跳跃号码，不过另外一组受限的学生则看不到。表面上看，跳跃号码是随机地在不同象限上跳跃，实际上根本不是随机的——有微妙的规律。

接触到跳跃号码的学生可以更快地定位到主要号码。但是，他们无法解释快速定位的原因。他们以为自己只是运气好，是猜对的，但实际上他们已经在潜意识里了解了规律，只是无法用语言表达。

感谢 June Kim 提供的资料。也可参见 Hare Brain, Tortoise Mind: How Intelligence Increases When You Think Less [Cla00]。

[*] 参见 *Acquisition of Procedural knowledge About a Pattern of Stimuli That Cannot Be Articulated* [Lew88]。

4.4.3 利用图像流

在伊莱亚斯·豪的例子中，他苦苦寻找的答案以梦的形式出现。你一旦准备更加关注自己做梦的内容，可能也会经历同样的事情。不是所有的梦都"有意义"。有时在梦里，"雪茄就是雪茄"，弗洛伊德曾经这样说过。但是很多时候，R 型思维都在努力告诉你一些内心想要知道的事情。

图像流就是一种用于收获 R 型意象的技术^①。其基本思路是有意观察心理意象，即密切关注，并在心中回想一下。

首先，找一个问题。然后，闭上眼睛，再把脚搁在桌子上（能以这种姿势工作可是超棒的），默想大约 10 分钟。

对于经过大脑的图像，做如下处理。

(1) 观察图像，努力看清所有细节。
(2) 大声地描述出来（真正发出声音，这很关键）。现在把脚翘在桌子上自言自语。
(3) 利用全部五种感观想象它（或者根据实际情况尽量运用所有感观）。
(4) 使用现在时态，即使该图像都溜跑了。

通过明确地把注意力集中到稍纵即逝的画面中，你对该图像使用了更多的途径并加强了联系。当努力解释这种画面时，你扩展了提供给 R 型思维的搜索参数，这有助于凝聚相关信息。无论如何，密切关注意识中掠过的"随机"图像，就可以开始有一些新的领悟。

这不是魔力，可能对你有效也可能无效，但是这的确是一种与大脑剩余部分交互的好办法。

很多人用这种方式可能看不到任何图像。在这种情况下，你可能需要动动手来随便引发一张图像，轻微擦拭自己的眼睛或者短暂地凝视光源（这会产生一种称为光幻视的东西——从非可视源获取光的感觉）。

图像的来源并不是那么重要，重要的是你如何解释它。稍后我们会再讨论这种现象。

---

① 参见 *The Einstein Factor: A Proven New Method for Increasing Your Intelligence* [WP96]。我们大多是从轶事趣闻中获悉此种方法行之有效，不过这也属意料之中。

4.4.4　利用自由日记

另一种利用 R 型潜意识能力的简单方法就是书写。

写博客在近几年受到了巨大欢迎，而这大概是理所应当的。在以前的年代，人们写信，有时还写了很多。我们保存了名人的优秀信件，例如伏尔泰、本·弗兰克林、梭罗等。

写信是一种伟大的习惯。有时内容相对枯燥——天气情况、市场价格上涨、女佣与呆男出走等等。但是偶然的哲学领悟都是存在于日常生活的点滴之间。这种自由形式的日记历史悠久，那些已经逝去的、精于这项技艺的思想者最终都被尊称为 "men of letters"[①]，正是因为他们写了这些书信。

工具与干扰

当你尝试开始任何创造性的活动时，比如写博客、文章或者（上帝保佑）一本书，你将会遇到大量阻力。阻力的表现形式五花八门：挥之不去的自我怀疑，漫无边际的拖延，以及各式各样的问题（参见 *The War of Art: Break Through the Blocks and Win Your Inner Creative Battles* [Pre02] 中对阻力各种表现形式的完整分类。）

尤其对于博客来说，这种工具本身就可能阻碍你写作。例如，如果你是用第三方的 web 服务写博客（如 TypePad 或者 Blogspot），离线时你会写吗？或者如果灵感突现时你恰好不能上网，这会不会成为你不写下来的理由呢？如果你是用自己的博客软件写作，你花在调整软件或者设计博客上的时间是不是比创建新文章还要多？虽然没必要做反对新技术的顽固派，但将东西写在纸上确实是几千年来一直都很管用的。将想法首先捕捉到纸上，然后再输入到博客中，这样做其实更迅捷。

一旦开始写作，一定要注意坚持不懈。不要为技术问题而分心。不必担心有些话是不是还需要润色，先把它们都写下来。

那些著名的信件都是被精心保存下来的，你的呢？你有备份吗？一旦写了博文，除了 Google 缓存你还在其他地方存档了吗？

---

① "men of letters" 意思是 "文学家，文人"，但从字面理解就是指 "写信的人"。——编者注

如今，博客担任了这种角色。虽然大部分说的是"我早上吃了什么什么"，偶尔也有代表心理状况不佳的、恶毒的粗语，但也不乏能够改变世界的敏锐领悟和思想雏形。其中一些已经做到了。

有很多方法可以记录想法，其中一些效率更高。最好的方法之一就是晨写。

4.4.5　晨写技术

我第一次听说这种技术是在一本写作教材里（参见 *The Artist's Way* [Cam02]），因为它是作家惯用的技术。但是让我惊讶的是，现在流行的 MBA 项目和其他高级管理课程中也提到了这种技术。

下面就是规则。

- ❑ 晨写是早晨要做的**第一件事**——在喝咖啡之前、在收听交通广播之前、在洗澡之前、在送孩子上学之前、在遛狗之前。
- ❑ 至少写三页，手写，不需要键盘、电脑。
- ❑ 不要审查删减你写的东西。不论是优秀的还是陈腐的，只管写下来。
- ❑ 坚持天天写。

如果不知道自己该写什么也没关系。一位参加这种培训课程的高管曾经强烈抱怨这种练习完全是浪费时间。他抗拒式地写了三页"我不知道写什么，废话，废话"。这也不错。

因为一段时间之后，他注意到别的东西开始出现在他的晨写中。市场计划，产品方向，解决方案，创新方法。他克服了最初的抗拒，发现这是一种获取想法的有效方法。

这种方法为什么会起作用？我认为这是因为晨写让毫无防备的大脑倾倒想法。早上刚起床时，你还没有像你想的那样清醒。潜意识仍然占主角。你还没有提起所有防备，也还未适应有限的现实世界。你可以直接连通 R 型，至少一小会儿。

爱迪生有一种有趣的习惯，正好可以看作是对晨写的改版。他打盹时手里拿着一个装满了滚珠的杯子。他知道当他逐渐入睡时，潜意识会接手他面临的问题并提供解决办法。当他熟睡时，滚珠会掉下来，撞击声就会把他叫醒。然后他就记下脑子里面的所有事情[①]。

---

① 参见 *Why We Lie: The Evolutionary Roots of Deception and the Unconscious Mind* [Smi04]，感谢琳达·莱斯。

4.4.6　"自由写"技术

然后就是写博客了。任何写东西的机会都是好的练习方式。对这个话题你到底持怎样的看法呢？你到底了解多少——不仅仅是你如何想的，也包括你的理由。面向公众写作是一种阐明想法和信念的好办法。

但是从何开始呢？除非你正激情澎湃地关注某个主题，否则很难坐下来写一些东西。你或许会愿意尝试使用杰拉德·温伯格[①]的 Fieldstone 方法（参见 *Weinberg on Writing: The Fieldstone Method* [Wei06]）[②]。

这种方法的名字来源于修建大卵石墙（fieldstone wall）：事先不需要计划收集特别的石头，只需要到处走走，捡一些好看的石头堆起来备用。然后当你准备造墙时，就从石头堆里挑选匹配的石头，直接安到你正在做的那部分即可。

养成一种收集思维大卵石的习惯。一旦有了积累，造墙的过程就会很容易。

这是一种好习惯，应该培养。

4.4.7　利用散步

只要方式得当，你可以通过散步获取 R 型思维的提示。你知道迷径（labyrinth）和迷宫（maze）的区别吗？

根据迷径协会（Labyrinth Society）[③]的说法，迷宫可以存在若干入口和出口，一路上

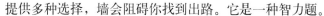

提供多种选择，墙会阻碍你找到出路。它是一种智力题。

迷径不是智力题，而是一种沉思的工具。迷径提供了唯一的路径，因此无需做出选择。这样走路不仅给 L 型一点事情做，同时也调动了 R 型。

---

① 温伯格，软件思想家，从个体心理、组织行为和企业文化角度研究软件管理和软件工程的权威和代表人物。其经典著作《你的灯亮着吗？》《咨询的奥秘》已由人民邮电出版社出版。——编者注
② 感谢几位读者的建议，感谢 June Kim 提供的总结。
③ 参见 http://www.labyrinthsociety.org。迷径协会位于美国纽约州杜鲁门斯堡市。这是一个由众多迷径爱好者构成的组织，该组织致力于为全世界范围内的广大迷径爱好者提供支持。——编者注

图 4-4　旧金山 GRACE 教堂

同样地，在树林里长时间地散步，驱车沿着偏僻而笔直延伸的高速公路进行长途旅行，也可以达到一样的目的，只是迷径更小更方便。

迷径已经有数千年的历史，如今不论在教堂、医院、癌症救治中心、临终安养院，还是其他康复地方，你都可以找到它。

你是否注意到伟大的想法或者领悟可能会在最出乎意料的时候降临？可能是洗澡时，除草时，刷盘子时或者做其他一些枯燥、琐碎的工作时。

这是因为 L 型有点厌倦了这种常规的任务，走了神，这才得以让 R 型自由地展示自己的发现。但是你也不必非得清洗大量的盘子或者强迫自己除草以取得这种效果。

事实上，这就像在海滩上散步一样简单。

著名数学家庞加莱使用一种类似的方法作为解题技巧①。每当遇到一道困难、复杂的问题时，他就会把所有已知的、与此相关的东西都写在纸上（在后面的章节中我会谈到一种类似的东西，参见 6.8 节）。这么做可以揭露出许多问题。看着这些问题，庞加莱会立刻解决其中简单的问题。

———————————

① 感谢 June Kim 提供线索。

在剩下的"难题"中，他会选择最简单的一个作为子问题，然后离开办公室出去走一走，只思考这个子问题。一旦有了灵感，马上中断散步，回去写出答案。

重复此过程直到一切问题都有了答案。庞加莱如此形容这种感觉："想法会成堆地出现，我感觉它们一直在碰撞，最后发生结合，也就是说，产生稳定的结合。"

如果你身边没有迷径，那就在停车场或者大厅走走。但是，尽量避免在办公室里散步，因为这可能会带给你很多干扰。同事的交谈，与老板或者客户的不期而遇，最新比赛结果的讨论，或者饮水机旁的政治密谋，这些都将干扰你思考问题。

请注意，我可能在刚才几段中已经误导了你。事实上，当你准备出去进行"思维散步"时，不用做任何思考。对 R 型和 L 型的显著区别加以比较，这一点也很重要。L 型是主动性的：当你集中注意力时，L 型就在工作。R 型则不同，你不能命令它，只能邀请它。

> R 型只能邀请，不能强制命令。
> R-mode can be invited, not commanded.

你必须得有点心不在焉。在 *Laws of Form* [SB72]中，数学家斯宾塞·布朗并没有把这种方法称为思考，而是简单地称作"记住需要了解的东西"。

一旦你集中目标，L 型过程就会占据主角，而这不是你所期望的。相反，你需要培养一种非目标驱动的思维方式。正如庞加莱所做，把一切都写在纸上（或者编辑器中，如果你必须得这么做的话），然后不去管它。不要试图思考。记住它，如布朗所说，不要关注它。只要简单地记住它。让事实和问题自由地搅和、浸泡（我们将在 8.2 节讨论这一话题）。

> **诀窍 16**
> 离开键盘去解决难题。

当你不寄希望于它时，就会发现答案自己冒了出来。

现在把本书放在一边，出去走一走，我会等你回来……

4.5 收获模式

虽然关于如何收获伟大的想法，我们已经讨论了很多，但是你的获取能力并不仅仅适用于伟大想法。R 型搜索引擎只用依据最少的模式片段就能实施模式匹配。

你能读懂下面这段话吗？[①]

研究表明，一个英语单词中的字母按何种顺序排列不是很重要，重要的是首末字母是正确的。其余的字母可以完全打乱，但你仍然可以很容易就读懂它。这是因为人类大脑不是靠读取每一个字母来理解，而是把单词作为一个整体来理解。神奇吧……[②]

使用武术来提高注意力

June Kim 告诉我们这样一则经历：

"在开始练习武术之后，我感觉到我的注意力持续时间和控制能力（比如在糟糕的环境下集中注意力）都有了提高。我一直在向软件开发人员和其他知识工作者推荐我的实践经验。它就是气功，它既有武术的一面，也包含太极、冥想和呼吸的方面。

"我已经从一个开始练习的朋友那里看到了显而易见的变化。用不了一个月，你就能明显感受到这种差别。他告诉我他现在可以更容易地集中注意力，生活质量也提高了。"

瑜伽、冥想、呼吸技术和武术都会影响大脑处理信息的方式。我们是复杂的系统，正如我们已经认同系统思考的观念，这意味着一切都是关联的。甚至一种特殊的呼吸方式，也会显著影响你的思维方式。

大脑非常善于在模型片段的基础上重构事实。大脑也能基于不完整的数据进行联想，它一直都在这样做，即使你并没有意识到。

4.5.1 代码中的模式

这里举一个模式的例子，如果你是程序员的话可能曾经遇到过。源代码，即使是使用等宽字体，也具有一些版面上的特性，有助于读者理解编写者的意图。

代码，一次编写，多次阅读。
Code is write-once, read-many.

---

① 参见 *The Significance of Letter Position in Word Recognition* [Raw76]和 *Reibadailty* [Raw99]。

② 英文版中本段英文的单词都是采用除首末字母外其他打乱顺序的形式排版。——译者注

请记住，源代码的阅读次数远远多于它的编写次数，所以通常值得花一些工夫把代码变得适合人类阅读。换句话说，我们应该使代码中的较大模式更容易被看到。

例如，为什么我们要使用等宽字体？编译器并不在意这些。但是我们往往愿意对齐文字、括号和代码：

```
String foofoo = 10
int    bar   = 5
```

使它们便于浏览和识别。同样，你往往会通过字符图形分割代码块，如：

```
/*************************/
/** Something Important **/
/*************************/
```

这会吸引你的注意力，而且，如果做得有规律，这还会组成你大脑中识别和理解的一个较大模式。读者 Dierk Koenig 告诉我们他主动花时间以这种方式来"排版"他写的代码。

新手会立刻开始这样做——毕竟，这是一种很容易遵循的规则。但是高级初学者可能会拒绝，抱怨花时间在代码格式上是一种浪费。精通者和专家则会对格式差的代码发怒，如果难以看到那些他们早已习惯要看见的模式，不论写的代码是什么，他们都会认为很糟糕。

这些视觉提示有很多形式，比如对齐格式和头部说明块，还包括更细致的形式如方法的大小。一旦你习惯了阅读只有几行代码的小方法，遇到一个非常长的方法你就会认为是错的。

括号的放置也形成了一种可视化的模式，这也是为什么有人长期执着地争论，一定要坚持在那些使用花括号的语言中遵守一种特定形式的括号位置。他们不是为了争论而争论，而是因为模式匹配影响他们的感知。

然而，代码中的模式匹配也有不好的一面。看看下面这个用可敬的 C 语言所编写的经典代码片段：

```
if (receivedHeartbeat())
    resetWatchdog();
else
    notifyPresident();
    launchNukes();
```

在这个令人遗憾的例子中，不论 receivedHeartbeat() 的值是多少，launchNukes()

总是会被执行。缩进的代码看起来很舒服,可读性强,但是编译器并不这样认为:else只关联了第一个语句,缩进反而起了误导的作用。排版对感知具有很强的影响——无论是好还是坏。

适应不同技能层次。
Accommodate different skill levels.

请努力使用一致的排版提示来辅助可视化知觉。编译器也许不在意,但是我们的确在意。对下述可能会出现的情况也要理解:如果你处于较高的技术水平上,同时又遭遇到团队里其他人的阻力,要明白他们看待问题的方式肯定和你不同。他们不会自觉地认识到这种价值,因此你必须向他们解释。

如果你没有看到这些模式的价值,但是团队里的专家们意识到了,那么请遵循他们。记住,这不是一种浪费时间的愚蠢修饰,而是一种重要的交流工具。

4.5.2　换换脑子

车辙和坟墓之间的唯一区别在于尺寸。
The only difference between a rut and a grave is the dimensions.

很多时候你难以看清摆在面前的事情,因为你已经习惯于通过某种特定的方式来看待模式。我们往往会遵循老套子,即陷入特定的思维模式和习惯的思维方式。努力从完全不同的角度看待问题,这是获取洞察力的诀窍。

举例来说,这里有一道题可能会难倒你(如果你已满六岁):施洗约翰(John the Baptist)和维尼熊(Winnie the Pooh)之间有什么共同点?答案①不是你通常所想的。好了,这是一个傻傻的玩笑,但是我想说的是,这个完全出人意料的字面答案来源于一种你可能不习惯的情境。

拥有创造力和问题解决能力的关键在于寻找思考问题的不同方式。不同的关联会强制R型发起不同的搜索,这样新的素材可能立即就会出现。

把问题倒过来。
Turn the problem around.

---

① 名字中间那个字都是"the"。

Dave Thomas 在面对难题时，经常会说"倒过来看"。这是一种智力冲撞：使你脱离思维定势，从不同角度思考问题。

举例来说，录音师都会使用这样一种流行的技术来混合唱片。为了尽可能让声音好听，他们首先录一遍，把每一种乐器的声音弄得尽可能差。萨克斯管的音色沙哑，调高吉他的品丝噪音，让电贝司嗡嗡作响，等等，无一例外。现在翻转整个设置：把一切导致声音差的事物都调整或者关闭以获取清晰、动人的旋律。

这种视角的简单转变，也就是从相反角度思考问题，本身是一种非常强大的技术。你可以在调试的时候使用这种技术：不要努力预防难以发现的 bug，努力找到三四种会主动引起 bug 的方式。这样，你可以发现到底会发生什么。在用户界面设计时或许也可以尝试同样的方法：不要努力去想完美的格式或者流程，先做一个最差的设计方案。这将帮助你意识到什么是真正重要的。

诀窍 17

改变解决问题的角度。

在 *A Whack on the Side of the Head* [vO98] 一书中，Roger von Oech 列举了许多不同的"换脑法"，例如逆向思维、夸大想法、组合完全异类的想法等。

除了换脑，他还描述了一些常见的思维枷锁，这些枷锁往往会阻碍人们发现其他的选择项。例如，假定只有唯一正确的答案，认为给定的解决方案没有逻辑性，或者认为无用而否定角色扮演。

这些假定很危险，因为都是错误的，它们会明显阻碍你的进步。大部分问题都有多个解决方案或者多个"正确答案"。唯一正确的答案可能只在小学算术里才有。担心解决方案没有逻辑性？大部分大脑处理过程也并非合乎逻辑性，但是都没有出错。有想法的"角色扮演"也是一种最强大的工具。有想法却不受目的引导的角色扮演会帮助你建立联系、发现关系和获取洞察力。这有助于你改变思考角度。

> 需要是发明之母。角色扮演是发明之父。
>
> ——求罗迦·费·因格，当代颇具创意精神的美国实业家、学者

英国作家怀特（T. H. White）在他的《永恒之王》（*The Once and Future King*）[Whi58] 一书中向我们展现了通过改变视角来获取洞察力的一个绝好例子。在魔法师梅林训练年轻的亚瑟王的故事中，梅林把亚瑟变成各种动物和鸟类以让他通过不同的方式感受世界。

有一次，年轻的亚瑟学着野鹅一起飞，飞过田野。当低头俯瞰下面的风景时，亚瑟意识到边界是人为制造的：陆地上根本没有什么现成画好的国界。他开始认识到所有的英格兰土地都应该由一位国王来统治。

但是，你不需要像亚瑟一样真的变成一只鸟，只需要把自己想象成一只鸟也会具有同样的效果。从这个不同的有利出发点，大脑搜索引擎会强制积累各种想法。

例如，想象你自己是当前面临问题的一部分。假设你就是数据库查询或者网络数据包，当你厌倦了排队时，你会做什么？你会告诉谁？

4.5.3　神谕冲击的魔力

在古代，教堂的大主教经常通过神谕（oracle）①求得建议。像大多数算命者或占星师一样，神谕给予的响应或者信息通常非常模糊，就像谜一样。你不得不自己来"解释"（interpret）它。这也是对大脑的一次冲击。

> *调和不同的模式。*
> *Reconcile unlike patterns.*

这和禅宗心印②一个道理。比如这样一个问题："一个巴掌拍出来的是什么声音？"理性地说，这根本没有意义。大脑被强迫努力调和不同的模式，这开阔了思维素材的范围。再看一个更熟悉的例子，想一想自己是怎么玩拼字游戏的。当你陷入僵局，看不出这些字母能组成什么单词时，你会怎么做？重新排列字母，希望看到一种新的关系。

作曲家布赖恩·伊诺（Brian Eno）和彼得·施密特（Peter Schmidt）提出了一套 100 种间接策略③来换脑。这些问题和语句强迫你查找类比并深层考虑问题。当你无路可走时，它们就是你可以利用的智谋（而且还在线可得，有适合 Mac 和 iPhone 的 Dashboard Widget格式，Palm OS 的文本格式，Linux 的命令行格式等）。以下是一些例子。

- ❑ 这像别的什么东西吗？
- ❑ 不做任何改变，坚持始终如一。

---

① 在这里不是指代甲骨文公司。
② 心印是指在佛教禅宗中，以似是而非的形式出的谜语，能帮助思索，同时也是获得直觉性知识的一种手段。——编者注
③ 参见 http://www.rtqe.net/ObliqueStrategies。

- ❑ 关上门，从外面听。
- ❑ 错误是一种潜在的提示。

我特别喜欢最后一条：错误可能根本不是一种错误。弗洛伊德也会喜欢这条。

利用这些间接策略或者神谕，想一想它们对于今天的你意味着什么。

在继续阅读之前请尝试⋯⋯

4.5.4　莎士比亚的谜语

一些模式非比寻常，甚至可以"唤醒大脑"。也就是说，它们实际上暂时超频了你的大脑（又一次用到了 CPU 隐喻）以留意新奇的输入。

例如，孩子们随意制造单词。有主动动词如 imaginate①，糅合词如 prettiful，还有古怪用法的 flavoring。遗憾的是我们大人很少能做这种事情，因为这些变化无常的单词形式都不简单，都有言外之意。

威廉·莎士比亚做过很多这种语言重造工作。事实上，我们至今还在沿用的许多短语②都要归功于他的杜撰：

- ❑ Full circle（绕圈子）
- ❑ Method to the madness（貌似疯狂实则有理的行为）
- ❑ Neither rhyme nor reason（莫名其妙）
- ❑ Eaten out of house and home（吃得倾家荡产）

这不仅仅是在词典中添加新短语，莎士比亚把一些关键词赋予了新的含义，营造出一种令人惊诧的感觉。例如，他会把名词用作动词，如 he godded me（他把我神化了）。这种被称为功能转移的技巧，会形成大脑活动的骤起高峰。

改变有益

古语云："只有婴儿喜欢改变。"我们都是习惯造就的动物。但是，根深蒂固的习惯对大脑而言并非是最好的，因为，有了这种习惯，你就无法建立新的联系，而且会逐渐对其他选择项熟视无睹。

---

① 参见我的 IEEE 文章 "Imaginate" [HT04]。

② 参见 *Brush Up Your Shakespeare!* [Mac00]。

想一想早上的例行公事。日常准备工作完成的顺序可能都是一成不变的，甚至是很小的细节也不例外，例如先刷哪颗牙齿可能都固定下来了。你应该打乱顺序，摆脱老套。

换另一只手，把车停在另一边，改变发型，使用另一种毛巾，开始剃须，不再剃须，早一点或者晚一点吃饭。

这些小变化对你的大脑有益，因为它们有助于改变关联，防止出现神经惯例。的确是这样。大脑的一个特点就是适应能力强，但是如果没有什么需要它去适应，形象地讲，它就会松弛下来。

因为大脑接收到了意想不到的输入，为了理解正确含义，它不得不付出一些努力。但是有趣的是，研究人员发现，当你还未理解这个词在句子中的功能（词性）时，你就已经明白了它的意思[①]。这种技巧有助于保持文字的生动性，持续吸引读者注意力——令读者摆脱标准习语及陈词滥调的老套规矩。这是对大脑的语言冲击。

虽然使用功能转换可以促进读者大脑思维能力的突然释放，但这也极有可能会在编辑器中引起消化不良（也就是，心灵上的消化不良），不过这仍然是一种非常聪明的技巧。

4.6 正确理解

在本章中，我们探讨了 R 型思维的一些属性。R 型思维过程非常微妙，不能强制利用。

然而这种思维方式对获得平衡、有效的方法来解决问题并提高创造性至关重要。你不能单独使用 R 型或者单独使用 L 型。相反，你需要组织学习和思维过程以支持 R 型到 L 型的转换。

开始追寻细微的线索，收获 R 型的现有输出。通过类似晨写、写作和非目的性思维时间（散步）等技术增加 R 型工作的机会。

最后，由于记忆是一种脆弱和昂贵的机制，请随时准备记录下 R 型输出的精辟领悟，不论何时，不论何地。

---

① 参见 http://www.physorg.com/news85664210.html。

实践单元

新习惯

- ❑ 坚持晨写至少两周。
- ❑ 培养快速的洞察能力。寻找不相关事物之间的关系或类比。
- ❑ 面对难题时引入更多感观。哪些对你而言最有效?
- ❑ 阅读一些有别于平常的东西,比如小说,但不是科幻小说,等等。
- ❑ 尝试不同类型的电影、假期、音乐或者咖啡。
- ❑ 点一些你喜欢的餐馆里从未吃过的菜。
- ❑ 逆向思维。你会看到什么?

试一试

- ❑ 主动改变清晨事项的常规顺序或者其他一贯的做法。
- ❑ 使用乐高积木或者办公用品做一种设计①。
- ❑ 学习一门有更多 R 型思考方式参与的课程或者培养一种类似的兴趣,并天天坚持。
- ❑ 使用双人行机制,让同伴激励你,讨论你的进展。
- ❑ 想想能否用一个隐喻或者一套隐喻来大致描述你当前的项目(用某种有形的东西来思考将会更有帮助)。尝试使用隐喻或者夸张的手法来说一些笑话。
- ❑ 观察你认识的专家。有什么"奇怪"的习惯现在让你觉得更能理解?
- ❑ 什么单词可以加到你的工作词汇中?

---

① 如果使用红色订书机,效果会更好。

第 5 章 调试大脑

我从来都不想成为怪人，但别人都认为我想。

——弗兰克·扎帕，美国作曲家、音乐家、电影导演

直觉是伟大的，除了当它不伟大的时候。

我们不是理智的生物。
We are not rational creatures.

人们普遍认为领导者都是勤勉、有思想的决策者。他们搜集所有相关的事实，权衡取舍，然后做出富有逻辑性的、理性的决定。但实际上，基本无人遵循这种理想化的过程，即使是专家级这类硬干性的决策者[①]。

与之相反，我们是基于不完善的记忆和当时的情感状态来做出决策并解决问题，忽视了关键的事实，却根据发生的时间地点或者是否醒目而关注不相干的细节。特别是当这些细节非常引人注意时。

我们需要调试大脑系统。

"调试"（debug）计算机的现代定义来自于一只真正的昆虫——一只蛾子掉进了 Mark II Aiken Relay Calculator 的一个继电器上（见图 5-1）。在运行一系列余弦回归测试时，操作员发现了一处错误，通过观察，他们找到了这只昆虫。操作人员移除了虫子，很负责任地把它订在日志手册上，这是真正意义上的调试机器[②]——给计算机除虫。

虽然对于硬件系统来说这是一种很好的隐喻（有时字面上也是正确的），不过调试大

---

① 参见 *The Power of Intuition: How to Use Your Gut Feelings to Make Better Decisions at Work* [Kle04]。
② 词条本身拥有很长、很丰富的历史渊源（与一个"妖怪"有关）。

脑的概念有一些粗糙。但是，我们在思维方法上真的有 bug，即处理信息、做出决策和评估状况时的根本错误。James Noble 和 Charles Weir 很好地总结了这些问题。

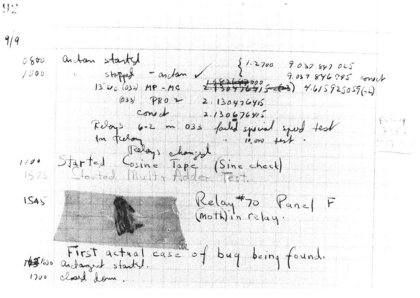

图 5-1　系统里的第一个 bug（1945 年 9 月 9 日）

"软件开发总是由人来完成，客户和用户也都是人，而据严格的基因检测显示，大多数管理者都至少有 50%的遗传密码与智人巨蟒相同。"[①]

可惜的是，人类大脑不是开源软件。无人有现成的通路来查看这些代码以纠正错误，但是我会向你展示出错的地方，让你能够更明白这些错误流程对思维的影响。我们将探讨四大类问题。

❑ 认知偏见：思维如何被误导。
❑ 时代影响：同代人如何影响你。
❑ 个性倾向：个性如何影响思维。
❑ 硬件故障：大脑较老区域如何压制较聪明的区域。

5.1　了解认知偏见

认知偏见有很多种类。这些思想上的 bug 数量很多，它们会影响决策过程、记忆、知

---

① 参见 *Process Patterns for Personal Practice: How to Succeed in Development Without Really Trying* [WN99]。

觉、理性思维等，Wikipedia 列举了大约 90 种常见认知偏见。我见过一些人，他们的认知偏见都超过了这 90 种。

以下列举一些我个人认为值得重视的偏见。

思维定势

只是看到一个数字就会影响你随后对数字的预测和决定。举例来说，如果我不断地提到有 100 本书等待出售，那么我就向你灌输了一个数字。现在我卖给你一本书 85 美元，你就会停留在刚才的数字 100 上，而 85 听起来就好像很便宜。

基本归因错误

我们倾向于把别人的行为归因于他们的个性，而不去考虑行为发生时的情境。我们会轻易地为自己开脱（"我累了，我觉得快感冒了"）。但是，从各方面来看都非常正常的人却可能被驱使做出极端的行为，例如偷盗、谋杀和人身伤害，特别是在战争年代和个人危机时。并不是一定要处于这种极端的状况才会出错，就像我们之前看到的，情境就是一切。请记住行为经常是对情境的响应而不是基本的个性使然。

自私的偏见

这种偏见使人们相信，项目的成功是我的功劳，失败则与我无关。这种行为可能是一种个人防御机制导致的，但是请记住你也是系统的一部分——无论结果好坏。

需要定论

我们对疑问和不确定性感到不舒服——这种感觉如此强烈，我们会竭尽全力解决未有定论的问题，移除不确定性，进而得出定论。但是不确定性也是一件好事：让你的选择是开放的。像使用 Big Design Up Front（BDUF）①一样，强行给出不成熟的定论，会迫使你放弃选择，易于犯错。人为宣布一项决定，例如项目的截止日期，并没有移除这种内在的不确定性，它只是一种自我掩饰。

认可上的偏见

每一个人都根据自己的成见和喜好原则来选择相应的事实。你可能会说，本书（和大多数书一样）恰好验证了作者认可上的偏见。

---

① BDUF 曾是一种流行的设计技术，在设计和架构早期会投入大量的精力，不顾细节上的不确定性和波动性，而这些细节往往会导致设计无效。

曝光效应

我们往往只因为非常熟悉某些事物而对它有所偏爱。这包括不再好用甚至会出错的工具、技术或者方法。

霍桑效应

研究人员注意到,人们在知道自己正被审视时,往往会改变自己的行为。当你在团队里引入一项新技巧或新工具时会看到这一点。起初,每个人都在关注——也都知道他们正在被关注——结果非常好,纪律性很高,对新事物的兴奋劲也点燃了动力。但是,随后新鲜感逐渐减弱,聚光灯也转移了,所有人都无情地回到了原来的行为状态。

虚假记忆

大脑很容易把想象的事件和真实的记忆混淆。我们易于受到暗示的影响,正如我们之前所看到的,记忆在大脑中不是静态写入的。相反,这是一种主动过程——非常主动以至于每一次读取都是一种写入。记忆会按照当前情境被不断重写:年龄、经历、世界观、关注焦点等。那是你六岁生日聚会时发生的事情吗?可能不是那个样子的,也可能根本就没有发生过。

符号约简谬论

如之前所看到的,L 型非常乐于提供一个快速的符号来表示一个复杂的对象或者系统,这至少丢失了细节,有时甚至是事物的真相。

名词谬论

符号约简谬论的一种形式,以为给事物贴上标签就意味着能够解释或者理解它。但是标签只是标签,单靠命名并不会带来任何有益的理解力。"哈,他是 ADHD"相比"她是共和党人"或者"他们来自夜郎国",并没有增强理解能力。

所有这些缺陷只是个开端。我们人类不具理智的本质可以写好几本书了[①]。

5.1.1 预言的失败

> 做预测太困难了,特别是关于未来的预测。
>
> ——瑜伽·贝拉,伟大的智者、哲学家兼棒球手

---

① 参见 *Predictably Irrational: The Hidden Forces That Shape Our Decisions* [Ari08]。

符号约简是一个非常有害的问题，因为它在我们的日常分析性、系统性思维中根深蒂固。实际上，大脑处理现实复杂性的唯一方法是把庞大、复杂的系统简化为简单、易于操作的符号。这是大脑的一种基本机制，也是计算机编程和知识型工作中非常有用的机制。但是，如果将其视为理所当然的，你就会陷入符号约简谬论。

我们之前已经看到了符号约简谬论的例子。例如，当你尝试画一只人手时，L 型把光线、阴影、纹理的复杂性简化为"五条线加一个棍"。这种简化被认为是把复杂的现实看做由非常基本的元素组成：柏拉图立体（platonic solids）①。

这些以柏拉图命名的理想形状提供了一套通用的、普遍理解的积木。

> *未来隐藏于柏拉图圈里。*
> *The future hides in the platonic fold.*

想一想孩子们玩的积木：立方体、长条、圆锥体、拱形体和圆柱体。用这些基本的形状，你可以构建许多建筑物。柏拉图的理想形状也类似，它们都是现实的简化版积木。但是这种将现实简化成理想形状的方法留下了一个洞，称为柏拉图圈（platonic fold）。可怕的命运隐藏在这个洞里，这些意料不到的事件让我们备受打击。

柏拉图圈的概念，正如 *The Black Swan: The Impact of the Highly Improbable* [Tal07]一书中所描述的，强调了人类非常不善于从过去的事情推断未来的事情。我们总是假定事件差不多形成了一种稳定、线性的递进，原因和结果都很简单。

事实并非如此。这就是我们多数情况下难以预测未来的原因。实际上，因为我们的盲点——包括柏拉图圈，我们会发现历史上所有相因而生的事件都来源于完全意想不到的原因。

这就是书名"黑天鹅"（*Black Swan*）的由来。许多年来，人们以为天鹅只能是白的。因为从没有人看到过黑天鹅，科学界也认为不可能存在——直到有一只黑天鹅出现了。

> *意想不到的事件改变历史。*
> *Unexpected events change the game.*

---

① 柏拉图立体，或称正多面体，指各面都是全等的正多边形且每一个顶点所接的面数都是一样的凸多面体。——编者注

作为一个团队，我们往往会错过重要的发展，因为我们关注于错误的事情或者提了错误的问题。例如，去年我清扫办公室时偶然发现了一叠 20 世纪早中期的杂志。（我在一堆乱七八糟的网线中还发现了一个 14.4K 调制解调器，不过这是另外一个故事了。）

那些杂志见证了历史。一个个封面展开的都是激烈的争论，争论着那个时代最重要的事情：谁会赢得桌面战争？用户界面会基于 OpenLook 还是 Motif？

相关性与因果性

科学研究很容易被误解，因为大多数人不善于统计分析学。最普遍的一个误解是把相关性说成因果关系。

仅仅因为两个变量相关并不能认定其中一个是因另外一个是果。比如，看看有关居住在高压线下面的家庭白血病发病率更高的报告。新闻标题甚至会说高压线导致癌症。

虽然这有可能，但是这种单一的关联性根本不能证明这个问题。其实还有许多别的潜在因素：高压线下面的房屋较便宜，因此这都是相对贫穷的家庭，也就影响了食品营养、卫生保健、早期检测等方面。看到相关性并不等同于确定了因果性。

另外，现实世界的因果关系通常不像"事件 X 导致事件 Y"这样简单。相反，一般是 X 触发 Y，反过来 Y 强化了 X，X 又巩固了 Y，等等。更多情况下是"X 和 Y"而不是"X 或 Y"。不同事件所占的诱因比例也不同，且具有不同的强化性。甚至同一类事件在一段时间内也会具有完全不同的原因。

事实证明，这是一个错误的问题，Windows 这个当时甚至不被当作竞争者的桌面系统取得了统治地位。然后就是中间件战争，谁会胜利？RMI 还是 CORBA？

这又是一个错误的问题，因为 Web 的发展很大程度上让这个问题变得没有意义。Web 是典型的黑天鹅，其出乎意料的发展完全改变了游戏规则。那时，长篇累牍的分析和思考、预测和焦虑，几乎全都围绕着这个错误的问题。我们的偏见使得预测未来几乎不可能，也难以驾驭现在。

正如你所看到的，只是因为你"认为是这样"并不代表这是正确的。认清和克服自己的认知偏见说起来容易，做起来难。但是这里列举了一些有所帮助的建议。

5.1.2 "很少"不意味着"没有"

"极其不可能的巧合事件其实每天都在发生。"[①]最近,我们已经目睹了形形色色的灾难,从 500 年一遇的洪水到百年一遇的风暴,但从地质学来说,这些只是沧海一粟,这样的事件并不少见。这让人们觉得很反常,因为在他们的记忆中或者他们父母的记忆中(甚至祖父母的记忆中),这些灾难从没发生过。但是,这不意味着不会发生,也不能阻止它们一下子发生三次。

在 2004 年,美国人被雷电劈死的概率为 1/6 383 844。[②]这听起来概率不大,是吧?但是仍然有四十六人死于雷电,尽管是六百万分之一的概率。而死于坠床的概率是上述概率的 16 倍,即使你可能认为这不是特别危险。虽然非常罕见,但是仍然在发生。可以更加肯定的是,每个月你都可能经历一次百万分之一的奇迹。[③]

黑天鹅现象警示我们不要把未观察到的或者罕见的事件认定为不可能。

真正随机的事件形成了一系列错综相连的值和独立的值,而同质和随机是两回事。举例来说,很有可能在完全随机的抽样中连续发生三次 5 级飓风。

> **诀窍 18**
> 记住标题:"很少"不意味着"没有"。

仔细观察柏拉图圈,思考一下你可能遗漏的东西。任何你忽视的细微元素都可能改变历史。

绝不说"绝不"。
Never say never.

花时间检查一下"疯狂的"异常值或者"极其不可能的"事件。如果它们真的发生了,对你意味着什么?你的行为会因此改变吗?哪些顾虑变得不再重要?哪些会变得重要?请记住,这些仍然是不可能事件,所以请不要开始囤积罐头或者防护衣。但是绝不说"绝不"。

---

① 参见 Michael T. Nygard 的 *Release It!: Design and Deploy Production-Ready Software* [Nyg07]。

② 源自美国国家安全委员会,http://nsc.org。

③ 参见利特尔伍德(Littlewood)的 *Law for the math*(数学法则)。

5.1.3 推迟下结论

我们对定论的渴望意味着我们总是努力消除不确定性。但是过早地下结论减少了你的选择，甚至可能消除了成功的选择。

在软件项目或者任何一门学科中做某种探索性或创新性的项目时，一般每天你都会学习一点新知识。你会逐渐了解用户、项目本身、团队和技术，如图 5-2 所示。

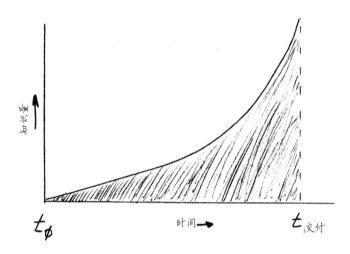

图 5-2 随时间变化的项目知识

这意味着在项目的末尾时你会达到智力高峰，而在项目开始时则是最无知的。因此，你想尽快做决定吗？不。你想尽量延迟下结论，以便于随后有更好的决策。但是，这意味着关键事情可能会在很长时间内处于未决状态，会让许多人非常不舒服。

顶住压力。你会做出决策，事情会解决，只不过不是今天。

> **诀窍 19**
> 适应不确定性。

敏捷软件开发包含了适应不确定性的内容。在早期，你无法知道项目结束日期究竟是哪一天。你不能百分之百地确信哪些功能会出现在下一个迭代中。你不知道一共会有多少个迭代。这些都没有问题，你需要适应不确定性。随着项目进展，你会逐步找到答案，最终一切都有了答案。

当然，你可以采取一些具体的措施来减少不确定性。你可以与同伴展开讨论，上 Google

搜索更多信息或者构建一个原型，等等。虽然这些措施多多少少都有些作用，但都不是解决办法。总有一些元素是不确定的，这也不是坏事。不停地探索这个问题，但如果还没准备好的话，不要着急确定细节。要适应你不知道的事实。

通过明确的概率进行猜想。
Guess with explicit probabilities.

对于一些你不确定但别人必须知道的事情，如上线日期，你可以设定一个"目标"日期，并注明你对估计的信心值。也就是说，你可以报告一个目标日期，如十月一日，实现概率为 37%。但是在报告一个概率为 80% 的日期时一定要慎重。人们总是把这种说法当作"几乎肯定"，而没有留意还有 20% 的失败概率。至少你自己要保持清醒的头脑。

不过，也要知道，让团队里的成员适应不确定性是非常非常困难的。他们习惯于不顾一切地寻求定论，事事如此。请尽量教育他们，但也要准备好面对他们的抗拒。

5.1.4 难以回忆

最后，请记住你的记忆力并不是很好。记忆是靠不住的，旧的记忆会随着时间改变，这反而会让你以为某些误解和偏见是对的。不要仅仅依赖你的记忆。中国有句谚语说得好：好记性不如烂笔头。

诀窍 20

信任记录而不是记忆，每一次思维的输出都是一次输入。

通过某种现实凭据来增强你的记忆。不论是你写的笔记，还是与其他人的交谈在他们的脑海中留下的记忆，你需要一些东西来确保你的记忆不会与事实相去甚远。

实践单元

☐ 列举出你所具有的认知偏见。我们都有自己的问题。哪些是你特别容易犯的？

☐ 留意一下，你在自己的工作生涯中曾目睹过多少极其不可能的事件发生。事后看来，它们有多么不可能呢？[①]

☐ 保留工程师笔记，包括设计会议、编码问题和解决方案，等等。每次返回去要用的时候，在较早的条目上做一标记。

---

① 思考这个问题的同时，请记住世界上的大多数数据都存储在只有 90 天保修期的硬盘里。

5.2　认清时代影响

> 在你出生时，世界上的任何事情都是平凡的，都是世界运转的天然组成部
> 分。当你在十五岁到三十五岁之间时，世界上创造出的任何事物都是新鲜
> 的、令人振奋的、革命性的，你可能以此为职业。三十五岁之后创造出的
> 任何事物都是有悖于事物的自然顺序的。
>
> ——道格拉斯·亚当斯，《怀疑的鲑鱼》

目前为止，我们已经从静态的角度探讨了认知偏见。但是，一切都不是静态的。若干年前形成的偏见可能和现在的就不同。不过与你的同龄人相比，你们的偏见可能有很多相似之处，而和比你稍年长或者年轻的人相比，你们的偏见则会大不相同。

正如道格拉斯·亚当斯指出的，偏见会随着时间改变，总的来说，驱动另一代人的偏见和驱动你及你同龄人的偏见就不一样。

一些人会以忍受老板的辱骂为代价维持工作的稳定性。另一些人则会在感觉到一丝敌意后就立马打包走人。那些加班到深夜的人无法理解那些下午 5 点高高兴兴下班、回家与家人团聚的人，反过来也是一样。

相比到目前为止我们所探讨的 bug，这些是更加可怕的偏见形式——其价值观和态度如此地根深蒂固，以至于你根本就不会想到去怀疑一下。但是，它们会明显影响你的判断和认知。

你是否曾经想过为什么会珍视你所珍视的东西？是父母灌输给你的吗？或者是对父母的一种反抗？你是否曾经坐下来，认真思考自己到底是要成为自由主义者、保守主义者、自由意志主义者还是无政府主义者？成为工作狂还是懒鬼？

> **重视情境。**
> Consider the context.

或者你生来如此？好吧，有可能。我们会在下一节探讨"与生俱来"的因素。但请记住情境是最重要的，让我们来看一看同龄人情境以及整个大环境中的你。

你是时代的产物——可能比你想象的程度还要高。你父母和同龄人（和你出生年份相近的人，上学和工作时的同伴，同一代人）的态度、哲学观和价值观对你有重大的影响。

你和其他同龄人有着相同的记忆、共同的习惯，分享流行的时尚，你们因为年龄和阅

历相仿而汇聚到一起。举例来说，9·11 恐怖袭击是一个重大的全球事件，影响了所有人。但是，根据你们所处年龄段的不同，是 20 岁、30 岁、40 岁还是 60 岁，你们对事件的响应也是不同的——相似年龄段的人更接近。

你们的态度会相差多远？这里有一些我想到的分界线。

- ❑ 风险承受者与风险抗拒者
- ❑ 个人主义与集体主义
- ❑ 稳定与自由
- ❑ 家庭与工作

不同的年龄段自然存在不同的价值观，你自己的态度和关注点也会随着年龄而改变。

随着你和同代人年龄的增长，你们开始接手前一代人留下的角色，但是你们将按照自己的思想调整形势。

下面简要列举了美国最近若干代的情况[①]，包括每一代的大概出生年份。这些范围不可避免地显得有些模糊，如果你出生在一个转折点上，你可能会发现自己属于另一个相邻的时代，而不是你名义上所属的那个时代。

这些是广义上的概括。
These are broad generalizations.

当然，这些不过是广义上的概括。因此，这并不是说你出生在这些年代，就一定具有这些特征，而是整体来看，那个时代的同龄人往往会显示出这些特点。请记住这些评价不是法律条文也不是不可更改的规定，只不过是一些有益的抽象，以描述群体行为[②]并帮助你认识到更广的情境范围。

大兵的一代，1901—1924

务实、地道的美国建设者。

沉默的一代，1925—1942

穿灰色法兰绒衣服的墨守成规者。

---

① 来源于多处，包括 *Generations at Work: Managing the Clash of Veterans、Boomers、Xers 及 Nexters in Your Workplace* [ZRF99]。

② 换句话说，这是一种构建理论，而不是事件理论。

婴儿潮的一代，1943—1960

道德仲裁人。

X一代，1961—1981

自由选手。

新千年的一代，1982—2005

忠诚，不冒险。

祖国的一代，2005— ？

刚刚出生或者即将出生，这一代人的父母有一半是新千年一代。

当今儿童

想看一些真正可怕的事情？

Beloit Mindset 名单① (http://www.beloit.edu/~pubaff/mindset/) 跟踪记录了有关每年进入该大学的新生的有趣事实和发现。

比如，对于 2008 年的新生来说，他们认为 MTV 从来没有关注音乐电视（如果你在过去十年留心的话就会发现，它其实关注于真人秀、名人访谈和新闻）。

俄罗斯一直有多个政党。体育场一直以公司的名字命名。他们从来没有"摇下"车窗（更不用说拨电话了）。强尼·卡森②从没有上过直播电视节目，皮特·罗斯③也没打过棒球。

Web 无处不在，呆伯特④也是。

我们将忽略刚出生不久的这一代，即祖国的一代，按照时间顺序依次看一看早已成长起来的几代人。

---

① 美国威斯康星州的 Beloit College 每年为新生发布精神状态名单。——编者注
② 强尼·卡森（Johnny Carson，1925 年 10 月 23 日——2005 年 1 月 23 日）是美国已故著名电视节目主持人，曾连续三十年主持美国知名电视节目《今夜秀》。——编者注
③ 皮特·罗斯（Pete Rose）是美国的超级棒球明星。他曾是美国棒球历史上击球命中次数最多的球员，后来成为辛辛那提赤色队经理。他在 1989 年 5 月被终身禁赛，其原因是涉嫌赌球。——编者注
④ 呆伯特（Dilbert）是由美国卡通界的领军者斯科特·亚当斯（Scott Adams）创作的系列漫画，以呆伯特为主角，刻画了上班族的生活，尽显了办公室的幽默。——编者注

大兵的一代，1901—1924

这一代人选出了第一位美国小姐，造就了第一批体育明星。他们建设了郊区，建造了探月火箭，在二战中英勇奋战。

对企业（以及随后对软件开发）的军事化比喻，即命令与控制、等级森严，正是来源于此。

沉默的一代，1925—1942

穿灰色法兰绒衣服的墨守成规者。这一代人极大扩展了法律体系，对法律上的正当程序给予了特别的关注，但不给决定性的行动以必要的关注。

举一个恰当的例子，考虑最近一份伊拉克研究小组报告，这个小组的成员基本都是这一时代的人，报告中列举了七十九条建议，但是没有一条行动计划。

这代人创造了——也享受了——空前的富足。

婴儿潮的一代，1943—1960

最具个性、最庞大的一代人，形成于二战后的繁荣时期。

这一代人犯罪率、药物滥用和风险承受力明显增加。他们往往认为自己是民族价值观的法官，他们总是想要"教世界歌唱"。（还记得20世纪70年代的可口可乐广告吗？）

但是这种拯救世界的内在愿望没有体现在务实的方法上。这代人不关心结果，更在意方法。他们的说教反映了自己的首要价值观，对其他几代人来说却显得婆婆妈妈。

X一代，1961—1981

> X 一代是最大的创业一代。
> Gen X is the greatest entrepreneurial generation.
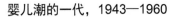

我所见过的对这一代人的最好描述是"被狼养大的"。这些都是自由选手，天生就不信任组织。他们形成了美国历史上最大的创业潮。

极端的个人主义，也许还有一点阴暗面，工作上遇到了问题，他们就会退出转移。他们坚持极具个性，被其他几代人认为是不守规矩，或被指责不遵守游戏规则。

这一代人不关心公民理念，认为一对一的参与更有效率。他们非常务实，不管采用什么方法只要结果好就行。

新千年一代，1982—2005

这一代人的观念从个人主义转向了集体主义，相比之前的 X 一代和婴儿潮的一代，他们减少了危险行为，他们的方法也肯定没有那么急功近利。他们忠于组织，不像 X 一代乐于创业。

虽然他们没有去拯救世界，但是他们强调公民理念，希望当权者能解决这个问题。

汇聚一堂

在当今的文化中（我指 2008 年左右），我们面对一种独一无二、前所未有的情况。这几代人同在一起工作，互相交流，相处融洽——有时也不融洽。

我在一家《财富》杂志排名前 10 强的公司工作时（抱歉不透露公司具体名字），有幸受到一位年长专家的指导，他对我也比较感兴趣。虽然那是在我职业生涯的早期，但我在 Unix 方面已具有同伴们所不具有的重要技能，这位长者发现了这点，并且喜欢上了我这个志趣相投的人。

在我们一起工作的若干年里，他教给我很多凭经验积累的、鲜为人知的技巧和方法，而我向他展示了我所学到的高级理论。但是当有一天我宣布离开这家公司时，他再也没有和我说过话。

他属于沉默的一代人，看重对公司的忠诚度——终生。我的离开对他来说是一个不可饶恕的错误。虽然这种态度如今已经显得有些奇怪和过时了，但是那个时候普遍存在。在公司很多人认为我是一个麻烦制造者——一个不遵守游戏规则的不忠的特立独行者。事实上，我只是像一个典型的 X 一代人一样，乐于前进，我已学到了我想学到的，也厌倦了现在的工作。

> **态度会改变。**
> But attitudes will change.

当然，如今这种文化态度有所变化。一般没人期望你应该在一家公司待上许多年。但是，这将会改变。千年一代又重新重视忠诚，强调等级分明的、强有力的组织。他们会对集体的感知做出反应，他们认为婴儿潮一代唠叨、不切实际，X 一代懒惰、不守规矩。

每一代人都会对前一代人的缺点做出反应，随着时间的推移，就会形成一种重复模式。这样来说，千年一代的后一代将对他们的价值观做出反应，这种循环会不断重复。

这意味着你这一代的态度多多少少可以预见。下一代也是。事实上，可能只有四种不同的时代类型。

四种模型

按照研究人员尼尔·豪（Neil Howe）和威廉·斯特劳斯（William Strauss）所说[1]，如果你回顾美国历史，以及从文艺复兴时期以来的欧洲英裔美国人的历史，你会发现四种时代原型。

> **技术和时代**
>
> 几年前，我们请的一个临时看孩子的人奇怪地看着厨房里的电话。"亨特先生，"她说，"把电话用绳绑起来真是个好主意，这样就不会被别人偷走！就像银行里的写字笔一样。"
>
> 除了这个理由。她再想不出来为什么电话上要有一根线连着。在她的时代，所有的电话都是无绳座机或者手机。有绳电话作为一种科技必需品对她来说太奇怪了。

这四种类型一遍又一遍地重复，不断循环。17 世纪 20 年代清教徒的"五月花号"登陆美洲新大陆，对于自那时起的大约 20 代美国人来说，只有一个例外。内战结束后，有一代人受到了严重伤害，以至于他们未在社会中找到自己的位置，毗邻的几代人（特别是之前的一代）填补了空白。

这些对时代的概括有助于理解为什么人们会珍视他们所珍视的东西，同时提醒我们不是所有人都与你的核心价值观和世界观相同。

以下列举的就是这四种时代原型和其主要特征。

❑ **先知**：高瞻远瞩、价值观

---

[1] 参见 *Generations: The History of America's Future, 1584 to 2069* [SH91]和 *The Next 20 Years: How Customer and Workforce Attitudes Will Evolve* [HS07]。

- ❑ 游牧民族：自由、生存、荣誉
- ❑ 英雄：利益共同体、富裕
- ❑ 艺术家：多元化、专业知识、法定诉讼程序

一种原型创建了其反面原型。
Archetypes create opposing archetypes.

这些研究探索了每种原型的一代人如何创造下一代。一种原型创建了其反面原型，"代沟"就是明显的标志。那一代随后又创造了其反面，一直延续下去。

对于当今一代人，参见图 5-3 的原型图。

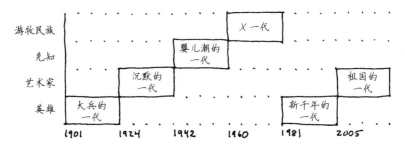

图 5-3　豪/斯特劳斯时代原型

根据豪和斯特劳斯模型，我属于 X 一代的最长者，紧挨着婴儿潮的一代①。我倾向于表现出 X 一代理论上的特点，特别是生存主义、实用主义和现实主义。我认为我个人最突出的一个地方是认识到不是所有人都像我一样看待世界。

虽然我可以在很多方面站在婴儿潮一代人的角度看问题，但是这一代人终归是缺少实用主义精神——经常把他们的价值观摆在实用性之前，这让我不敢苟同。不是所有人都看重实用主义，这一代人更在意理想主义。而我的实用主义做法可能会被认为是"欺骗"，如"你这么做只是因为它有用"。

对我个人而言，这只是一般的想法。但这是我的观点，属于我这一代人的典型看法，可能其他时代人不这么认为。每一代人都会面对这种与相邻时代人的冲突。每一代人往往都会捍卫自己的固有做法。

---

① 因为不同的研究人员会把时代的分界线前移或者拖后几年，所以我的时代不确定。

这会如何影响你

不是所有人都认同你根深蒂固的价值观，这也不意味着你是对的或者他们是错的。

那么，哪种做法是对的？视情况而定。情境仍然是最重要的。有时，像婴儿潮的一代人那样，坚持你的原则而不管结果如何，这种方式可能更合适。可有时像 X 一代人那样采用务实的做法，显然会更好。命令与控制体系有其自身的价值，可以非常有效率，这也是他们备受欢迎的原因（不只是在大兵的一代）。但是在其他环境下，像很多商业软件开发项目，严格的等级观念是灾难性的。

很可能你天生就会喜欢你这一代人所钟爱的做事方式和价值观。但是请认识到这种影响来源于何处。可能你的极端个人主义不是你独有的特质。可能你羡慕别人和期望自己拥有的特质不是来自于深思或者逻辑推理，而只是因为你出生在那个时代。

这种影响来自何处？
Where does this influence come from?

当你激烈地支持或者赞成一个观点时请记住这一点。你提出的论据是逻辑性的，还是情感作怪，或者只是因为熟悉？在特定的情境中论据成立吗？你是否真的考虑过别人的看法？旁观者清，所以你需要从正反两个方面看待问题。

> **诀窍 21**
> 从多个角度看待问题。

要想避免你所处时代的特有偏见，最好的方法是保持多样性。如果你和你的团队思考问题方式相似，你可能会认为你们的集体观点是唯一正确的。其实不是。只是因为你珍视自己的方法，你的个人主义或者你的集体主义，并不意味着年轻一代或者年长一代就会认同你的观点，也不意味着这个观点在那种情境下就是正确的答案。

实践单元

❏ 确定你出生于哪一时代。那些相应的特征与你相符吗？另一时代更相符？

❏ 确定你的同事所属的时代。他们符合或者违背你的价值观吗？

❏ 想一想软件开发方法论的历史。你能看到随着时间推移有一种趋势与每一新生时代的价值观相符吗？

5.3 了解个性倾向

他人即地狱（L'enfer, c'est les autres）。

——让·保罗·萨特，法国思想家、作家、存在主义哲学大师

暂且不论基本归因错误的影响，除了时代影响之外，你的个性确实会影响你的价值观和看法。这种特性是与生俱来的，包括你的个人态度情境、你的性情。

你可能会认为本节描述的个性类型就像是缺陷界面。如果你的个人界面碰巧就属于其中的一种，那很好，但是如果你认为所有人都属于这种界面，那就非常危险。事实不是这样。他们都有自己的界面来连接世界，很可能认为你的界面也很奇怪。因此，我们将探讨一下这些界面的主要特征，看看哪些属于搭配不当。

MBTI（Myers Briggs Type Indicator）性格评估测试是一种流行的构造理论，它将性格划为几种基本类型。它是基于卡尔·荣格（Carl Jung）的研究成果，将个性倾向分为四大轴线领域[①]。根据 MBTI，你的性格不是非此即彼的极端，而是每个领域中那条轴线上的某一点，依据你靠哪端更近你会得到一个分类结果（以一个字母代表）。再次强调一下，这不是行为的方案，而是一种偏好的指示。这四大轴线领域如下。

❑ 外向（E）与内向（I）　外向的人乐于与人交往并参加社会活动。内向的人则不是，他们具有领地意识，需要私人的精神和环境空间。内向的人从独立的活动中获得力量，厌倦社会活动。百分之七十五的人偏于外向型[②]，剩下百分之二十五的人则希望单独呆着。

❑ 感觉（S）与直觉（N）　你如何获取信息？在所有人格特质中，这条轴线可能最容易产生误传和误解。感觉型的人强调可行性和事实，完全基于当时的细节。直觉型的人非常富有想象力，喜欢比喻，创新力强，能够看到多种可能性——生活总是在下一个拐角等着我们。直觉型的人可能还没等到完成手头上的事情就跳到一项新任务上去了。感觉型的人认为这种做法浮躁，直觉型则认为感觉型迂腐。百分之七十五的人是感觉型的。在本书中，我们一直在试图向少数人靠拢，鼓励更多人去关注自己的直觉。

❑ 思考（T）与情感（F）　你如何做决定？思考型的人基于规则。情感型的人除了考虑适当的规则之外，还会评估个人和情感的影响。对于情感型的人来说，思考

---

① 参见 *MBTI Manual: A Guide to the Development and Use of the Myers-Briggs Type Indicator* [Mye98]。

② 参见 *Please Understand Me: Character and Temperament Types* [KB84]。

型的人对规则的严格遵守看起来十分冷血。而思考型的人却觉得情感型的人太感情用事。两种类型在人口中各占一半，不过在性别方面有些倾向，即较多女性是 F型，男性则更多是 T 型。

❑ **判断（J）与知觉（P）**　你的决定是封闭的还是开放的？即，你是快速做出判断还是持续感知？如果你非常喜欢早下定论，你就是 J 型。J 型直到做出结论才会感觉舒服。P 型则是会在做出决定后感到不安。两种类型在人口中大约各占一半。

并非所有的奖励都受欢迎

大多数公司通过表扬和认可奖励团队，但这并不一定适合所有性格类型。特别是对外向型起作用的奖励可能并不适用于所有程序员。

你在渴望一场正式的蛋糕庆祝会吗？对于很多内向型人来说，被带到众人前面，哪怕是为了接受表扬，也会深感不安。对于新手来说的巨大奖赏，专家级人士可能根本就看不上，反之亦然。

既然性格和技能水平各异，可能奖励措施也应该各式各样才对。

根据你在每条轴线上所处的区域，你就会得到相应的字母。四种属性的组合就定义了你的性格。例如，一种外向、感觉、情感和知觉的个性就是 ESFP，内向、直觉、思考和判断的性格则是 INTJ。

你可以快速测试一下你的 MBTI 分数，可以从网上和参考书中找到各种测试题。

性格类型的研究在考虑到人们之间的关系时最为有趣。强 N 型和强 S 型在一起工作时会产生摩擦。强 J 型和强 P 型或许就不应该一起来敲定一份时间表。事实如此。

最重要的是要认识到：在某种情况下别人的反应行为和你所设想的不一样时，他们并不是疯了、懒惰或者非常难以相处。你也不是。你认为 MBTI 分类是不是准确并不重要，但要知道，人们是基于各自不同的性格类型做出反应的，这就像使用不同的操作系统，如 Windows 与 Mac 与 Linux。

> **你无法改变别人。**
> You can't change people.

有很多办法来制定出一个解决方案并达成妥协。唯一一个不会起作用的方式是试图改变别人的性格以适合自己。这会导致灾难。一个感情用事的 F 型不会被说服无视人情痛苦而只是遵循规则，一个刻板的 T 型也不会被感情所动摇而偏离规则。在这两种情况下，你试图说服他们改变都会适得其反。你可能会根据情况尝试这样做，但是别人肯定不会喜欢。

与人交往时请记住一个重要的背景信息：

别人的性格缺陷肯定与你不同。

诀窍 22

尊重不同人的不同性格。

当你想与人争辩时，请想一想这点。

实践单元

- 做一下性格测试，与你的同事和家人相比，结果如何？你认可结果吗？
- 假装你是每条轴线上完全相反的类型。对那种类型的人来说，世界看上去会是什么样子的？你会如何与他们相处？
- 如果你还没有这么做，那就试着同那些与你性格相反的人交往。

5.4　找出硬件问题

最后，让我们来看一看大脑系统低级别的错误——硬件问题。

大脑不是一次性造好的，它一直在随着时间不断发展。我们目前一直在讨论的新大脑皮层，相对而言，是人类新近才拥有的。在这些高级区域下面还有一些较老区域，它们并不精致。

这些连线到一起的较老区域与我们更原始、表现生存本能的行为有关。这些区域提供的响应就是"战斗或者逃跑"——或者在特别危急时只是实施非常原始的紧急关闭措施。这里就是领地行为和取巧占上风这一伎俩的根源。

在人类文明这非常单薄的外表下，事实上人非常像那些用尿划定自己领地的阿尔法狗①。你可以随时观察到这种类似的行为：在城市街头、公司董事会、郊区聚会和公司团队

---

① Alpha（阿尔法）是希腊字母表里的第一个字母，阿尔法狗即指一群狗里占统治地位且走在队伍最前面的领头狗。——编者注

会议上。这就是我们做事的方式。

如果不相信，看一看《自然》①杂志最近的一篇报告，有关一个非常现代的问题——路怒症。在该研究中，衡量路怒症倾向的一个首要指标是汽车上个性化东西的数量：定制的车漆、贴花和保险杠标签等。更令人惊奇的是，保险杠标签的内容并不重要，数量最重要。例如，五个"拯救鲸鱼"的贴纸要比一个"有权携带武器"的贴纸显示出的危险更强烈。为什么？因为我们正在划定自己的领地。

1989 年，艾伯特·伯恩斯坦（Albert Bernstein）博士最早出版了 *Dinosaur Brains: Dealing with All Those Impossible People at Work* [Ber96]（《恐龙族：与办公室牛鬼蛇神共舞》）。这本书通俗易懂，揭示了低层次大脑关联。他把这种层次的处理称为蜥蜴逻辑以铭记它的原始本性。让我们仔细看看仍在影响人类行为的这一层次。

蜥蜴逻辑

伯恩斯坦博士从以下几个方面描述了爬虫类动物处理生活挑战的方法。看看如何像蜥蜴一样表现。

战斗、逃跑或者恐惧

无论是真的攻击还是一种自我感知，都会立刻唤醒意识，准备开始拼命地游或者跑。如果形势真的非常糟糕，就会吓呆了。或许坏事会过去。当你正在做陈述时忽然有人针对你的工作提出一个尖锐的问题，此时这种表现尤为明显。

立刻行动

一切都是立刻、自动的。没有思考和计划，只是跟从你的冲动，关注最令人兴奋的东西而不是最重要的东西。大量使用运动的比喻。回复邮件和即时消息或者上网，这些总比真正的工作好玩得多。

领头意识

你就像阿尔法狗。拼命成为领头人，这样你可以任意对待手下人。这种规则适用于任何人——除了你。气味标记是可以随意选择的。

---

① 参见 June 13, 2008. "Bumper Stickers Reveal Link to Road Rage", http://www.nature.com/news/2008/080613/full/news.2008.889.html。

守卫领土

只有昆虫才分享。绝不共享信息、秘诀、技巧或者办公空间。像只小狗一样标示你的领土，捍卫你的兴趣，不论它多么微不足道。如果别人做事的时候没有叫上你，你就会出口伤人，并要求知道为什么没有包括你。

受到伤害，愤愤不平

不努力解决问题，而是花费所有精力来责怪别人。只要有可能，就大喊大叫，让所有人都知道这是不公平的。

像我这样==好，不像我这样==坏

一切事情非善即恶。你这一方总是好的，另一方固然是坏的。经常性地向你的同伴解释这些，尤其喜欢冗长的说教。

你是否有认识的人具有这些行为？聪明的尖头老板或者傲慢的同事？

或者更糟糕一点，你自己？

见样学样

在讨论德雷福斯模型时我曾经说过，我们天生具有模仿意识。大多数时候，这是一种优点，特别是当我们向良师或者其他精通某项技能的人学习时。但是，我们的模仿天性也有一个弊端。近朱者赤，近墨者黑，情绪是可传染的，就像生物学上的病菌，如麻疹和流感[①]。

如果你和幸福、乐观的人在一起，你的心情就会提升。如果和你相处的人都沮丧、悲观并认为自己是失败者，你也会开始觉得自己是个沮丧、悲观的失败者。态度、信念、行为、情感——他们都是可传染的。

聚众施暴就是这样产生的。

进化行为

这些蜥蜴式的行为是固有的大脑关联，不是较高层次的认知思维过程。思考需要时间，而那些蜥蜴式的行为则要迅速得多，也不需要多少努力。

---

① 参见 *Emotional Contagion* [HCR94]。

这也从另一个方面说明了电子邮件为何有害。

天堂还是地狱

正如我们将在 7.6 节中看到的，你可以根据自己的思维认知重新关联你的大脑。不幸的是，这存在两面性：消极思维也能够轻易地重新关联你的大脑，就像积极思维一样。

重复的消极想法就像一种电视节目——你可以在各家媒体不断地重复播出。每次播放消极电影，这种想法就会在你的心里变得更加真实和重要。

从对白中你就可以看出这是一种重复（"你总是……"、"你永远不……"），或者通过角色（有线电视警察、网警、白痴军团，等等）也能看出来。大多数这些消极电影都是戏剧性的，通常比现实更具戏剧性。

当你开始重播这些喜欢的电影时，努力阻止自己，记住这只是一部电影。

你可以改变频道。

"心灵是自己的地方，在那里可以把地狱变成天堂，也可以把天堂变成地狱。"

——约翰·弥尔顿，《失乐园》

在手写书信的过去，用于亲笔写信的时间和等待寄出（等待邮递员）所造成的不可避免的延迟使得更显冷静的新大脑皮层可以进行干预，并提醒你这或许不是一个好主意。

但是互联网的时间绕过了新大脑皮层，将我们的原始反应暴露无遗。它允许你充分发泄你的最初本能反应，不论是通过电子邮件、博客评论还是即时消息。虽然这种快速、暴力的响应适用于应对丛林中的捕食者，但是对于与同事、用户或者卖方合作项目却没什么帮助（当然，可能有助于应对掠夺型的卖方）。

当一阵激烈的情绪涌上心头的时候，你可能知道这种感觉，例如当老板发来一封傲慢的电子邮件或者粗鲁的司机突然让你下车。

深深地呼气，摆脱变味的空气。深深地吸气。数到十。记住你是高级动物。让蜥蜴式的响应过去，请新大脑皮层来处理问题。

> **诀窍 23**
>
> 像高级动物一样行动，请做深呼吸，而不要张口嘶鸣。

实践单元

- 当觉察到有威胁时，你要用多长时间才能克制最初的反应？一旦"进行思考"，你的反应会有什么变化？
- 依照冲动行事，但不要立刻做。给冲动想做的事情定一个计划，安排好时间。稍后来看，它还有意义吗？
- 写一部新电影。如果你被脑海中不断重播的电影所困扰，坐下来重新设计一个大团圆结局。
- 微笑。有证据表明微笑和抗抑郁药物一样有效[①]。

5.5 现在我不知道该思考什么

> 事实上我们生活在重力井的底部，住在被大气层覆盖的星球表面，围绕着一个 1.5 亿公里远的核子火球转动，我们认为这是很正常的，这足以说明我们的观点往往会被扭曲。
>
> ——道格拉斯·亚当斯

我们在本书前面曾提到过，直觉是一种强大的工具。它是专家的标志。但是你的直觉可能完全错误。如我们在本章所看到的，你的思维和理性非常值得怀疑。我们的观点可能会被扭曲，从个人价值观到对我们在宇宙中的位置的理解都是如此，正如道格拉斯·亚当斯所说的。我们认为"正常的"未必就是正常的。除了各种各样的偏见，你很可能会被你的内部关联所误导，认为一切都很好。

那么，我们该怎么做？

还记得在有关学习的讨论中，我说你需要创造一个 R 型到 L 型的转化吗？也就是说，你刚开始思考时是全局性和经验性的，然后转换到更常规的实践和技能，从而实现学习过程。

同样，你需要由直觉引导，但是后面得跟着可证明的线性反馈。

---

① 我个人认为巧克力也很管用。

> **诀窍 24**
>
> 相信直觉，但是要验证。

例如，你可能从心底觉得某一个设计方案或者算法是正确的，其他建议都不可行。非常好。

现在证明这一点。

这可能是你的专家级直觉，也可能只是一种认知偏见之类的错误。你需要获得反馈：建立原型，运行一些单元测试，设立一些基准。只要能证明你的想法不错，无论需要做什么，你都应该去做，因为你的直觉可能会出错[①]。

反馈之所以是敏捷软件开发的关键，正是因为软件开发依靠人。而我们已经看到，人也有缺陷。总之，我们都是狂人，各种各样的狂人。虽然我们的初衷是好的，但是我们需要仔细检查自己和别人。

你自己也需要单元测试。

测试你自己

当你坚信某件事情时，问问自己原因。你确信老板在报复你。你怎么知道的？每个人在这种应用程序中都使用 Java。谁说的？你是优秀的（或糟糕的）程序员。相比较于谁呢？

> **你怎么知道的？**
> How do you know?

为了获得更大的视野并测试一下自己的理解和心理模型，问问自己以下问题[②]。

❑ 你怎么知道的？
❑ 谁说的？
❑ 有什么特别的？

---

① 随着你在某个领域内变得越来越专业，获得准确的自我反馈的能力会不断增强，这件事做起来也会越来越轻松。

② 感谢 Don Gray 所提供的这些来自 NLP 元模型的问题。参见 *Tools of Critical Thinking: Metathoughts for Psychology*（《批判性思维的工具：心理学的元思想》）[Lev97]。

❑　我的做法会如何影响你？

❑　与什么或者谁比较？

❑　这总是发生吗？你能想到一个特例吗？

❑　如果你这样做了（或者不这样做）会怎么样？

❑　什么阻止了你？

你有衡量的指标吗？是不是心中有数？有统计数据吗[①]？当你和同事讨论时会怎么样？如果同事的观点与你完全不一样会怎么样？他们会被动接受吗？这是一种危险信号吗？他们强烈地反对吗？这增加了可信度吗？或者相反？

如果你认为自己已经明确了一些事情，那么试着解释一下它的反面。这有助于避免之前提到的表面上的谬论。如果你所拥有的证据只是一个标签，那么不论从哪个方面来讲，都难以确定其相反面（当然，另一个标签不算数）。将行为、意见、理论和它们的对立面进行详细的比照。这种措施强制你从更加批判和细致的角度反思你的观点。

预期影响现实。
Expectations color reality.

预期创造现实，或者至少是有所影响。如果你对他人、技术或者团队寄予最差的期望，然后你就真会看到你所预期的结果。就像通过感知调节，你会突然看到很多你所期望的事情。

例如，一些善于制造新闻的频道关注那些耸人听闻的、类似《四眼天鸡》[②]风格的"新闻"，让你以为一场世界灾难被安排好在明天发生（东部时间上午 10 点/太平洋时间上午 7 点）。其实并非如此，但是鉴于他们一贯的风格，他们通常会精心挑选那些最令人发指和骇人听闻的罪行和事件，你很容易就会这么想。

同样的现象也适用于个人。团队、老板或者客户的期望会影响你的观点。同时你对他们的期望也会影响他们的观点。

一切都是折中的结果。
It's all a trade-off.

① 请记住本杰明·迪斯雷利（Benjamin Disraeli）的观点："世界上有 3 种谎言：谎言、该死的谎言和统计数据。"偏见会利用数据变得更加可信。

② 《四眼天鸡》（Chicken Little）是一部迪斯尼动画片，讲述一只小鸡认为天要塌下来，并试图拯救世界的故事。——编者注

最后，为了避免一厢情愿、盲目乐观的想法，记住任何一个决定都是一种权衡。不是没有免费的午餐。凡事总有两面性，仔细权衡——积极和消极的两面——有助于确保你更全面地评估形势。

实践单元

❑ 当发生冲突时，考虑基本性格类型、不同年代的价值观、你的偏见、别人的偏见和情境。通过思考更多因素，是不是更容易解决冲突？

❑ 仔细检查你的立场。你是如何知道你所知道的？什么使你这样认为？

　　我们通过逻辑来证明，通过直觉去发现。

——庞加莱

第6章　主动学习

大脑不是一个用于填充的容器，而是一束需要点燃的火焰。

——普卢塔赫[Mestrius Plutarchos（Plutarch），

公元 45 —125]，希腊哲学家，阿波罗司祭

在当今技术和文化环境下，学习能力可能是成功的最重要因素。它决定了你是"大获全胜"还是"勉强通过"。

在本章中，我们将看一看学习的真正含义，了解为什么学习会突然变得如此重要，探索有助于主动学习的技术。首先，我们将研究一下如何随着时间的流逝来管理目标和制定学习计划，同时关注如何保持 L 型和 R 型平衡有效地协同工作。

以上述这些想法为基础，我们将探讨一些独特的技巧来帮助大家提升学习的能力，例如阅读技巧和思维导图等，同时也帮助大家更好地利用手头上的学习工具。我们还将看一看哪些学习方式和个性也会对学习造成影响。

我们可以提升你的学习能力，但首先要说一说学习是什么。

6.1　学习是什么……不是什么

虽然很多人力资源部门至今还没有意识到，但实际上，了解 Java、Ruby、.NET 或 iPhone SDK 并不是特别重要。总会有新技术或者现存技术的新版本需要学习。技术本身并不重要，持续学习才是最重要的。

历史上，曾经不是这样。中世纪的农民耕种土地的方式，几乎和自己的父辈一样，也和父辈的父辈一样。信息以口头的形式传播，并且一直延续到不久以前，一个人仍旧无需太多正规教育和培训也可以养活家庭。

但是随着信息时代的来临，一切开始改变。人们感觉变化的速度比以往任何时候都快，新技术、新文化规范、新法律挑战、新社会问题，都快速袭来。各种科学信息的主要内容都产生于最近十五年。在某些科学领域，可用信息的数量三年翻一番。最后一位无所不知的圣人很可能是英国哲学家约翰·斯图亚特·穆勒（John Stuart Mills）——他于 1873 年去世[①]。

我们有许多东西需要学习，我们必须持续学习。别无他法。但是"学习"这个词可能给人一些不舒服的感觉，总是让人想起年轻时埋头于黑板粉尘中的岁月，或参加公司组织的单调枯燥的"复印机"似的培训之类的低质量教育活动。

这不是它的全部意义所在。事实上，我们似乎往往误解了教育的真正含义。

教育（Education）来自于拉丁文 educare，字面意思是"被引出"，即引导出某样东西。我发现一件非常有趣的事情，当我们想到教育时，通常并不考虑它这个词源的含义——从学习者那里引导出一些东西。

相反，更常见的看法是把教育当作学习者被动接受的事情——灌输，而不是引导。这种模型在公司培训中尤其流行，称之为羊浸式培训。

羊浸（现实中）是指把毫无防备的羊浸到一个大水箱里面做清洗，去除它们身上的寄生虫（见图 6-1）。羊排成一队，你抓起一只浸到水箱里，让它感受一次强烈的、陌生的、中毒性的清洗经历。当然，药性会逐渐失效，所以过段时间你不得不对它们再次做清洗。

图 6-1　羊浸：陌生的、中毒性的、暂时性的清洗

---

① 引自 *Influence: Science and Practice* [Cia01]。

羊浸式培训遵循同样的模式。你召集起不知情的员工，在一个陌生的环境中通过密集的方式、三到五天的时间培训他们，和日常世界没有任何联系，然后宣布他们已经成为 Java 开发人员、.NET 开发人员或者你所设想的任何头衔。当然，培训的效果会逐渐减弱，于是第二年你必需再来一次"进修"课程——另一次羊浸式培训。

> **"羊浸式"培训不起作用。**
> **Sheep dip training doesn't work.**

公司喜欢这种标准化的"羊浸式"培训。容易购买，便于安排时间，每个人随后被放进一个可爱的小盒子里：现在你拥有了一盒九片装的.NET 开发人员。这就像是快餐鸡块。只有一个缺点：这种天真的办法不起作用。原因如下。

❑ 学习不是强加于你的，而是需要你主动做的事情。
❑ 仅仅掌握知识，而不去实践，没有用。
❑ 随机的方法，没有目标和反馈，往往会导致随机的结果。

点燃你的火焰

"一旦我们抓住要点，我们必须互相鼓励，彼此主动交流，利用记忆指导我们最初的想法，接受别人的说法，并将其作为一个起点，一个需要孕育和成长的种子。大脑不是一个需要灌输的容器，它应该被比作需要点燃的火焰——只需点燃——然后它便激发出人们的创造力，并逐渐使其产生对真理的渴望。

"假设有人原本去找他邻居要火，结果发现邻居那儿很暖和，于是他就继续呆在那边取暖。这就好比是，某人去向别人学习知识，却没有意识到他应该点燃自己的火焰、他自己的智慧，而只是很高兴地着迷于他人的演讲，老师的话只是触发了联想思维，就好比只是让他的两颊泛起红晕，只是让他四肢感到温暖，但是，虽然笼罩在智慧的温暖光芒下，他内心的阴冷昏暗却没有被驱散。"

——普卢塔赫，希腊历史学家、传记作家和评论家

正如普卢塔赫在本章开头文字中所说的，大脑不是一个用于灌输的容器而是一束需要点燃的火焰——你自己的火焰。这不是别人可以帮你做的（参见上述完整引文），而

是一件你必须自己做的事情。

此外，令人惊讶的是，只是掌握知识的提纲并不会提高专业水平[①]。当然，掌握它非常有用，但是它对你的现实日常工作没有贡献很多。

这引起了一些有趣的问题。除了不停控诉羊浸式培训外，人们还严重怀疑大多数（甚至全部）技术认证项目。"知识体"显然并不重要。大脑构建的模型、为构建模型所提出的问题和你的日常经验和实践对你的业绩更加重要，它们才能提高你的竞争力和专长。仅仅掌握知识是不够的。

单纯密集、脱离情境的课堂教育最多只能给你正确的方向。你需要持续的目标，需要反馈以了解你的进展，需要更加主动全面的学习，而不是在令人窒息的教室里一年上一次课。

在本章剩余部分，我们将研究如何在现实中使学习更有效率。我们将看看如何利用手头上的最佳工具来更系统地着手学习，以提高学习能力。

首先，我们仔细看一看如何使用 SMART 目标和实用投资计划（Pragmatic Investment Plan）管理目标和计划。

6.2 瞄准 SMART 目标

> 如果你不知道去往何处，那么你必须多加小心，因为你很可能无法到达那里。
>
> ——尤吉·贝拉（Yogi Berra），前美国纽约扬基棒球队接球手

为了实现你的愿望——在职业生涯和个人生活中学习和成长，你需要设定一些目标。但是目标本身并不能保证你成功。

目标是很美好的事情，你可能会有许多目标：减肥、找到一个更好的工作、搬进一个更大的房子（或者更小的房子）、写本小说、学习演奏电吉他、编写一个超级 Rails 应用程序或者完全掌握 Erlang。

但是很多目标都是一个模式——崇高的、泛泛的"我希望在某某方面更好"。减肥就

---

① 参见 Klemp, G. O. "Three Factors of Success" in *Relating Work and Education* [VF77]、Eraut, M. "Identifying the Knowledge which Underpins Performance" in *Knowledge 及 Competence: Current Issues in Education and Training* [BW90]。

是一个最好的例子。大多数人想要更苗条（特别是我们这些长时间坐在电脑前的人）。但"我想要苗条"并不是一个非常明确的目标（虽然可能是一个很好的愿景——长期、理想的状态）。

你体重需要减多少斤？你仰卧举重准备练多少公斤的？何时完成？你准备控制热量还是增加锻炼？类似地，说你想"学习 Erlang"是不错，但是这到底是什么意思？想要学到什么程度？想用它来做什么？如何开始？

为了帮助你专注于自己的目标，能够更好地实现它，请允许我推荐一种风靡一时的来自于咨询领域的诀窍：使用 SMART 方法实现你的目标[①]。

在这里，SMART 代表具体的、可度量的、可实现的、相关的和时间可控的（Specific, Measurable, Achievable, Relevant, and Time-boxed）。对于任何目标（减肥、炒老板鱿鱼、征服世界等），你都需要制定一个计划，定出一系列帮助你实现目标的任务（objective）。每一个任务都应该具有 SMART 特性。

> **目标任务使你更靠近目标。**
> *Objectives move you to your goal.*

我们往往对于这两个词目标（goal）和目标任务（objective）的意思有一些模糊。明确地说：目标是一种理想状态，通常是短期的，是你努力要达到的状态。目标任务是一种帮你接近目标的事物。但是不要在这上面太过计较，不同人使用这些词语稍有不同。

下面介绍 SMART。

具体的

首先，一个目标任务应该是具体的。也就是说，只说"我想学习 Erlang"是不够的。应该把事情具体化，例如"我想要用 Erlang 编写一个可以动态生成内容的 Web 服务器"。

可度量的

如何知道你何时完成？这一直是我最喜欢问的一个问题。为了努力实现目标任务，不管采用什么方法，你必须能够度量它。可度量的与具体的相辅相成。很难度量笼统抽象的事物，但是很容易度量具体和详细的事物，只要使用确切的数字即可。如果你认

---

① 最初来源于《管理实践》（*The Practice of Management*）[Dru54]，随后流行起来。

为无法度量自己的目标任务，那么很可能它还不够具体。

但是一定要采取稳扎稳打、步步为营的过程。你不能期望一周之内减掉五十英镑或者利用一个周末就学会一门全新的编程语言和它的全部函数库。度量你的目标任务，但是要采取增量进步的方法。

> "写一部小说就像在黑夜里开车。你只能看到车灯照亮的部分，但是你却可以走完整个旅程。"
>
> ——E. L. 多克托罗 （E. L. Doctorow）

你不必看清你去往何处。不必看清你的目的地和沿途的一切。你只需要看清面前的一两米即可。

可实现的

我想要攀登 K2 峰，想在中东建立永久和平。

这一切不会发生。

至少，对我来说是这样。这些都是很好的目标，但是不现实。对我来说在当前的现实情况下无法实现。

一个你无法达到的目标不是目标，只是一种疯狂、吸食灵魂的自我挫败。有些事情对大多数人是不现实的——例如，参加奥运会比赛。有些是可能的，但是需要过度地付出时间和资源（比如，跑马拉松）。

因此，先确定目标是否合理。你也许可以在下周用新语言编写一段"Hello，World!"或者一个简单应用，但是你可能无法编写一个完整的 Web 应用框架和一个带有神经网络优化算法的用户界面构造器。

从你现在所处的情况着眼，让每一个目标都可实现。

相关的

这个目标真的与你有关吗——对你重要吗？你对此有热情吗？是在你控制之下的事情吗？

如果不是，这个目标就是不相关的。

目标需要相关，需要在你掌控之中。

时间可控的

这可能是目标最重要的一个特性。这意味着你需要设定一个最后期限。没有期限，目标会逐步衰退，永远被每天更紧急的事情所排挤。这样它永远都不会实现。

再强调一遍，稳扎稳打。采取循序渐进、比较细小的里程碑。当实现它们后，你会更有动力去实现下一个里程碑。

> **诀窍 25**
>
> 建立 SMART 任务实现你的目标。

这种方法帮助你从自己的角度（"我"）、从更积极的角度（"我要"）来明确目标，要么用一般现在时，要么给出明确的时间表述（"我会在××时间之前完成 zyzzy"）。

更大背景下的目标

在这里要向约翰·邓恩（John Donne）表示歉意[1]，没有任何一个目标是孤岛。目标必须在更大的背景下才有意义，可能包括以下范围：

- ❑ 家庭
- ❑ 事业
- ❑ 财务
- ❑ 社区
- ❑ 环境

这扩展了可实现性和相关性的含义。在一周内减掉五斤在当时感觉是可实现的，但是从总体长期的健康角度看，对整个系统是不理智的。类似地，项目自始至终都需要加班才能完成目标，这或许是可实现的，但是整个开发团队和他们的家庭都要付出巨大代价，最后也会影响到公司业务本身[2]。

---

[1] 作者在这里改动了诗人约翰·邓恩于 1623 年所作的《沉思录》第十七篇（Meditation XVII）中的一句话："没有人是孤岛。"——编者注

[2] 感谢 Paul Oakes 的建议。

目标、任务和行动计划

你决定学习一些东西。你设定了一个目标。太好了，现在你准备如何实现这个目标?

尝试设定一些明确的小任务作为行动计划的一部分。我要按照目标指定一些小的（有时微小的）任务来创建行动计划以实现该目标。

当我学习弹钢琴时，我的老师为我设定了年度目标，并且每周给我安排特定的培训以确保我达到目标。现在，我自己学习时，也是这样做的。

当我想要学习一门新的编程语言时，我设定了一个编写一些小程序并请求审查的目标，这样我可以从我的实践和已经掌握这门语言的人那里学习。当我想学习提升写作能力的方法时，我决定参加写作研讨班，并每周都做专门的练习。

我不仅有每周任务来实现我的目标，我还会很高兴制定一些很小的任务甚至是五分钟的任务，以确保我可以达到目标。我的任务长度通常是一天。但是当我开始遇到麻烦时，我会创建五分钟或者十分钟的任务来开始。

"设定目标是第一步。下一步行动是创建小任务以帮助你每天或每隔一段时间都能达到某种程度。你创建的小任务越多，你就越容易看清自己与目标的距离。"

——Johanna Rothman，《项目管理修炼之道》作者

因此除了从自身的角度来寻找目标，还得考虑这些目标对更大背景下的工作和生活会有何影响。

实践单元

❑ 在继续阅读本书之前，列举你最重要的三个目标。对每个目标提出一些实现步骤，确保每个步骤都符合 SMART 特性。

制定你的 SMART 目标列表……　　　 STOP

6.3　建立一个务实的投资计划

现在你已经有了很好的目标，你需要一个计划来帮助实现它们。

早在《程序员修炼之道》[HT00]一书中，我们就建议大家把技术和才干看作一个知识投资组合。也就是说，你学习的技术和掌握的知识都变成你投资组合的一部分。就像任何投资一样——无论是金融还是艺术上的——都必须时刻进行管理。

很多年来，戴维·托马斯（Dave Thomas）和我一直把实用投资计划作为咨询实践的一部分，在这里我简单地介绍一下这些内容。实用投资计划基于一种非常简单但是有效的理念：像管理你的金融投资一样小心管理你的知识投资。

制定计划是实现任何目标的一种非常有效的步骤。我们大多数人常常陷入一种默认的学习日程表：等到有空时再花时间学习一门新语言或者新函数库。不幸的是，把你的学习活动流放到"空闲时间"去，这就等同于失败。

> **时间是无法创造和销毁的。时间只能分配。**
> Time can't be created or destroyed, only allocated.

很快你会发现，事实上你没有任何"空闲"时间。时间，就像壁橱空间或者磁盘空间，会很快被填满。"为……创造时间"的说法有点用词不当，时间是无法创造和销毁的。时间只能分配。主动安排你的学习，分配合适的时间，聪明地使用时间，你可以更具效率。

管理你的知识投资有很多要点：

- ❑　制定具体计划
- ❑　多样化
- ❑　主动投资
- ❑　定期投资

我们将依次研究一下实用投资计划（PIP）的每一步。

PIP：制定具体计划

制定计划就是巨大的进步。计划要具体，要运用 SMART 目标理念，要为不同时间段设计不同层次的目标。例如：

- ❑　现在（你下一步的行动）
- ❑　明年的目标
- ❑　五年后的目标

下一步行动目标类似于下载产品或者买本书。明年的目标可能是熟练程度的具体指标（能够使用某种语言或者工具做 xyz）或者完成一个具体的项目。五年后的目标范围更广，包括发表会议演说或者写文章、写书等类似的事情。

时间范围是任意的，可以是现在、三个月和六个月。如果你工作在一个发展缓慢的行业里，也可以是现在、三年和十年。

记住艾森豪威尔将军对我们的建议：作计划比计划本身重要得多。正如我们马上将探讨的，计划是会变的，不过，与目标保持一致非常重要。

PIP：多样性

当选择投资领域时，你需要有意识地多样化，不要把所有的鸡蛋放在同一个篮子里。你需要很好地组合语言、环境、技术、行业和非技术领域（管理、公共演讲、人类学、音乐、艺术，等等）。

多样化也是要考虑风险和投资回报率的。任何你打算投资的领域在风险和回报率上都会有高有低。例如，学习一门流行技术如.NET 风险非常低——许多领域的程序员都在用它，所以技术支持、出版的书籍、课程和就业机会等都很多。但是这也意味着投资回报率非常低——有很多领域的程序员在用它，所以就业岗位会有大量竞争。你学习它并不会变得很特别。

另一方面，也有高风险的技术。在 Java 刚刚诞生的年代，学习它就是一个高风险选择。它可能会流行，也可能不会。当 Java 如日中天的时候，那些冒风险的人收获颇丰。这就是一个高风险、高回报的选择。

如今，任何刚刚诞生的技术都是高风险和可能高回报的。它们可能走向末路——这就是风险。Erlang 或者 Haskell 可能是下一代主要革命性语言，也许不是。Ruby 可能是下一个 Java，也许不是。iPhone 也可能是下一代主导平台。

> *所有知识投资都有价值。*
> *All knowledge investments have value.*

知识投资和金融投资的一个主要区别是所有知识投资都有些价值。即使你从来不会在工作中使用某项技术，它也会影响你思考和解决问题的方式。因此，你学习的任何东西都有价值，只是有可能不是直接的、有物质回报的或和当前工作相关的价值。也许它会有助于开发 R 型思维或者改善 R 型到 L 型的切换。

谈到价值，请不要忘记时间和价值不是等同的。只是因为你在某事上花了大量时间并不意味着就能给你的知识投资增添价值。看一场球赛或者玩视频游戏可能是休闲娱乐，但是没有增加价值（除非你是一名四分卫运动员或者游戏开发人员）。

PIP：主动的，而不是被动的投资

另一个来自《程序员修炼之道》的主要话题是反馈。也就是说，你需要客观地按天来评估你的计划，如实地判断运行状况。

在金融领域，关键是积极投资。你不能只是守着你的资产。你必须主动地随时重新评估你的投资。它符合预期吗？从你开始投资以后，世界上有什么关键技术或者重要人物发生改变吗？

也许是时候增加一些你以前没有考虑过的新元素或者取消一些没有效益的计划了。你可能必须以最新发展的眼光重新修改目标或者实施步骤。

PIP：定期投资（成本平均法）

最后，你需要定期投资。在金融领域，你需要采用成本平均法（dollar-cost averaging）。这意味着如果你定期购买股票，有时你会付出很多，有时你会收益很多。但是长期来看，这些差异互相抵消，一般最后你都会获得较好的回报。

养成一种习惯。
Create a ritual.

知识投资也是一样。你需要定期投资最低限度的时间量。养成一种习惯，如果需要的话。躲到你的家庭办公室里去或者走进有无线网络的咖啡厅。并非每期学习都同样富有成效，但是只要定期安排学习，长期来看一定会成功。如果你一直在等待空闲时间或者等待灵感的突现，那么它永远都不会发生。

为了帮助投资收益最大化，在按指定时间坐下来之前，先计划好要做什么。如果在逃脱日常工作和家庭的压力后只是坐在黑屏前考虑下一步应该怎么做，那可是最令人沮丧的。

开始之前先做好计划，这样一旦开始就可以立即执行。

例如，我想学习 FXRuby GUI 工具包，在坐下来认真学习之前，我首先得有相关的书籍，下载需要的软件，想好用 FXRuby 编写什么东西。我也需要分配足够的时间研究它，只是周六下午或者周二晚上很可能是不够的。

> **诀窍 26**
>
> 对主动学习的投资做好计划。

实践单元

- ❑ 写下现在、短期和长期的具体目标。
- ❑ 增加两个新的学习领域，让你的知识投资变得多样化。
- ❑ 每周设定时间来实施知识投资。
- ❑ 设置提醒，让自己定期、阶段性地重新评估投资计划。哪些发生了改变，哪些已没有意义，现在你要做什么？

6.4　使用你的原生学习模式

既然计划已准备就绪，我们将开始讨论如何实施主动学习。因为每一个人的大脑关联方式不同，某些学习方式对你来说比其他的更有效，因此你需要弄清楚对你来说吸收新知识的最有效方式是什么。

历史上，很多教育家把学习者分为三大类：视觉型、听觉型和动觉型。

- ❑ 视觉型学习者需要看到学习资料和老师。图片和图表对视觉型学习者都很有效，他们对肢体语言和面部表情也很敏感。
- ❑ 听觉型学习者必须听到学习材料。讲座、研讨会和播客都很有效。他们对语气、语速和其他细节都很敏感。
- ❑ 动觉型学习者通过活动和触摸来学习。他们需要亲身感受学习材料。特别是对运动、艺术和工艺等领域，你都需要通过动手来学习。

这三种类型非常普遍，你可以看到不同的模式适合不同的活动。但是考虑如何才能最好地学习是一个好的起点。

你喜欢阅读胜过研讨会或者播客吗？播客因为无法让你看到演讲者而让你烦恼吗？你播放教学视频但实际上并不看演讲者，是吗？

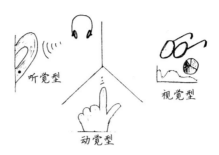

图 6-2　视觉型学习者的必要图解

看一看图 6-3 每一列词组都与一种学习模式相关①。你如何描述一个学习问题？你会说"一片漆黑"，还是说"看起来很模糊"？这可能暗示你是一名视觉型学习者。如果你正努力"寻找突破口"并且不知道"如何前进"，也许你采用的是动觉型方法。听听别人都在使用哪些词语，这是一种强烈的暗示，表明他们喜欢相应的学习风格。

视觉型	听觉型	动觉型	视觉型	听觉型	动觉型
羡慕	宣布	角度	照亮	咕哝	运动
出现	回答	敲打	想象	噪声	掐
诱人的	争辩	弯曲	暗淡	直言不讳	安逸
模糊	问	弹跳	观察	言外之意	压力
鲜艳的	调音	折断	看	问题	拉
清晰的	呼叫	刷	凝视	安静的	摩擦
模糊的	喋喋不休	负荷	透视	背诵	奔跑
多彩的	欢呼	搬运	图片	回复	攀登
隐藏	抱怨	笨重	预览	请求	刮
黑暗的	声音渐强	舒适	反射	共振	摇晃
黎明	哭	有形的	观看	唱	跳跃
消失	聋的	屈膝	揭示	喊叫	滑倒
显示	讨论	崩溃	审视	尖叫	光滑
设想	回声	令人兴奋的	看见	高音	柔软
展示	解释	感觉	发光	叹息	固体
暴露	表达	坚硬的	表现	沉默	扎破
有眼的	咆哮	发作	视觉	一言不发	塞满
饰面的	发牢骚	猛摔	观光	声音	忍受

---

①　感谢 Bobby G. Bodenhamer 允许使用这一表格，参见 http://www.neurosemantics.com。

（续）

视觉型	听觉型	动觉型	视觉型	听觉型	动觉型
闪光	咯咯声	强迫	火花	口吃	打扫
焦点	协调	抓住	侦察	谈论	厚重
有雾的	刺耳	格斗	目不转睛	告诉	触摸
预见	听到	抓紧	闪光灯	翻译	践踏
结构	哼声	嚼碎	表面	听不到	颤抖
注视	询问	艰难地	闪烁	发声	拧
扫视	侮辱	持有	化为乌有	有声音的	不动摇
怒视	演讲	拥抱	面纱	吼叫	无知觉的
流露	听	伤害	视野		温暖
发热	高声的	印记	可视化		洗涤
图表的	悠扬	激怒	生动的		称重
不清楚	提及	感伤			工作

图 6-3　代表性系统谓语项

多元智力

正如你所看到的，这些学习模式各异，而且并不存在一种方式适于所有人，因为我们的思维模式彼此都有所差异。这并不意味着视觉型学习者比听觉型学习者更聪明，反之亦然。

事实上，关于智力的精确定义长久以来都存在争议。一些研究人员认为智力是一种单一的、可度量的事物。另一些人强烈反对，他们认为智力的衡量标准存在文化的差异，传统的测试不能很好地预测其表现。这再一次表明，情境很重要。在辩论中，出现了两种基于认知情境的理论：罗伯特·斯滕伯格（Robert Sternberg）的三元理论和霍华德·加德纳（Howard Gardner）的多元智力理论。

斯滕伯格认为智力分为三部分，一部分是元级别的成分，负责总体管理思维过程；一部分是基于表现的成分，负责执行任务、建立关联等；最后一部分是知识获取成分，负责吸收新信息。每一部分都有自己的作用，彼此独立，各负其责。斯滕伯格指出，标准的 IQ 测试并不一定能衡量出智力的总分。他举例说那些测试得高分的人可能不善于在现实中解决问题，相反，那些善于解决问题的人在测试中反而很差。

加德纳也指出，智力有很多不同方面，一种单一的衡量标准是不够的。他把智力看作是多种不同能力和技术的综合体，定义了智力的七个方面，每个方面都表现不同的才能①。

身体-动觉

体育、舞蹈、DIY 项目、木工、工艺、烹饪

语言

口头辩论、讲故事、阅读和写作

逻辑-数学

数学、数字、科学、分类学和几何

视觉-空间

使用图表或图解，素描、绘画和图像操作

音乐

演奏、识别声音、节奏、模式，记忆标语和诗文

人际

感情共鸣，感觉、意图和他人的激励

自我认知

自我反省，了解内心世界、梦和与他人的关系

后来其他研究人员还提出了别的智力因素，但是即使是按照上述这套最初的理论，你也会开始意识到一些有趣的能力。例如，对于音乐因素来说，除了明显的音乐才能之外，还包括识别歌曲以及对歌词、标语、诗文和类似材料的高效记忆。

每一个人都在这些智力因素的组合方式上表现各不相同。请注意某些才能更适合 L 型或者 R 型。

但是不要以加德纳的分类为借口。当相关的任务完成不好时，人们很轻易就会说出"我没有太多人际智力"或者使用常见的"我不擅长数学"为借口。这实际上意味着，既然相关的活动对你来说比较困难，你就需要做出更多努力。

---

① 参见《智能的结构》（*Frames of Mind: The Theory of Multiple Intelligences*）[Gar93]。

> *如何才能学得最好？*
> *How do you learn best?*

像加德纳这样的分类有利于指出智力的所有不同方面——你可能会认识到自己的另一面，而这是你以前没有意识到的。很重要的一点是，你会发现这些差异意味着某些学习方式对你来说更有效。同时这些差异不是一成不变的，例如，你可能发现，通过实践本书提到的技巧，适合你的各种不同的学习方式的效力也会发生改变。

性格类型

如果使用 google 搜索，你会发现各种在线调查和测验可以确定你是何种类型的学习者（或者至少确定你有何种倾向）。你可以发现自己到底是积极学习者还是反思学习者，视觉型还是语言型，等等。事实上，一些测试学习类型的方法结合了你的性格，使用了荣格提出的、后来由 MBTI 推广的性格分类模型（参见 5.3 节）。

性格也会影响学习类型。内向的人可能会对会议上的即兴演讲感觉不舒服。外向型的人在学习新技术时可能会和团队讨论。

超越自我

> *性格不是命中注定。*
> *Type is not destiny.*

请记住这些智力和性格的分类只表示一种可能性——不是硬性的规定或判决。如果你做了 MBTI 分类测试，实际上你的 MBTI 类型代表的是你的默认设置。你随时可以选择不同的行为方式。但是当没有人注意时（特别是你自己没有注意时），这些就是你的默认行为。

诀窍 27

发现你的最佳学习方式。

尝试不同的学习模式。为有助于学习一个新主题，尝试不同方法。如果通常不听播客或者讲座，那么除了惯用的阅读或者实践之外，也请尝试一下听听讲座或播客。

实践单元

❑ 想想你最强的智力因素：哪些因素你在工作中用得最多？你的最强因素和你的工作非常匹配吗？还是不匹配？

❑ 哪些因素你用于爱好？你是否没有很好地利用自己某项很强的智力因素？你能找到方法来应用它吗？

❑ 如果存在不匹配，你如何弥补呢？如果你是视觉型学习者，你能开始在自己的学习中利用视觉辅助工具吗？如果是动觉型，使用道具会有所帮助吗？

6.5 一起工作，一起学习

研究表明同伴学习小组非常有用。学习主题是由参与者选择的，因此与日常工作直接相关。学习过程可以灵活、方便地根据你的日程表来安排，而且无需昂贵的旅行和资料[①]。学习小组是代替陌生、中毒性的羊浸式学习的伟大方法。

> *阅读小组无毒。*
> *Reading groups are nontoxic.*

自从《程序员修炼之道》一书出版以来，我们了解到人们会在公司内部的阅读和学习小组中使用它。这是一本起步的好书，因为它没有专门针对任何特定的技术、语言和方法。你可以选择一本通用的书或者选择特别具体和有针对性的书。

成人教育的关键

成人学习者和儿童或大学生不同。马尔科姆·诺尔斯（Malcolm Knowles）在 *The Adult Learner: a Neglected Species* [Kno90]一书中指出了成人的学习特点和学习环境。

❑ 如果学习能够满足成年人的兴趣和需求，他们就会主动学习。

❑ 学习的对象应该是与现实生活相关，而不是孤立的个体。

❑ 学习者主要使用经验分析法。

❑ 成年人需要自我引导，老师应该帮助他们互相交流。

❑ 老师必须允许风格、时间、地点和节奏的差异。

[①] 参见 *Improving Quality and Productivity in Training: A New Model for the High-Tech Learning Environment* [RW98]。

> 　　请注意这些想法非常适合你与同事组成的学习/阅读小组。就其性质而言，阅读小组符合成人学习者的需求和目标。

你有多种选择来设立学习小组，既可以是非正式的也可以是正式的。对于非正式的，可以是大家共同选定阅读一本书，然后轮流让成员在 wiki 或者邮件列表里总结每章内容，或者聚在一起边吃午饭边讨论。

对于正式的，你可以采取下面几项谨慎的步骤[①]。

寻求建议

看看大家的想法。获取足够的提议，每个提议都要有拥护者。寻求广泛的主题：技术方面的、软技能方面的，包括还没有使用的技术或者希望使用的技术。

选择一项提议和一个负责人

需要有人领导这个学习小组就某个专题进行学习。他们不需要擅长这个主题，但是必须对这个主题和学习充满热情。

买书

公司为所有参与者买书。大多数出版商（包括 Pragmatic Bookshelf）提供团购折扣，所以请务必注意。

安排午餐会议

公司提供午餐或者大家自带午餐。应该用自己个人的时间来完成阅读，不过要安排午饭会议，准备一顿九十分钟的超长午餐。

在会议上，安排前半个小时吃饭、社交和非正式的交谈。然后，正式开会。请一个人总结大家读完的一章。按不同主题或章节轮流总结，不要总是一个人。然后开始讨论这章：提出问题，提供意见。要想寻求灵感，你可以参考每章结尾的问题、任何明确的学习指导问题或者像本书里的实践单元。

> **诀窍 28**
>
> 组织学习小组学习和辅导。

---

① 参见 *Knowledge Hydrant: A Pattern Language for Study Groups* [Ker99]。

尽量保持每一个小组不超过八到十个人。如果团队很大，可以将其分成多个更小的组织来讨论。

除了对学习本身有惊人的帮助，这还是增强团队凝聚力的一个好办法。大家一起学习，也可以互相学习，而且学得更有效。

6.6 使用增强的学习法

既然已经建立了主动学习的良好框架，我们现在需要看看学习本身。在本章剩余部分，我们将研究一些具体方法来帮助你更快更好地学习。以下是主要提纲。

- ❑ 主动阅读和总结书面材料的更好方式
- ❑ 使用思维导图探索和发现模式和关系
- ❑ 以教代学

单独使用上述任一种方法本身就能让人受益匪浅。合在一起，它们更可以使你成为一台高效的学习机器。但是每一个人都是不同的，每个人的最佳学习方法也是不同的。因此，你可能发现某些方法最为有效——请记住，没有放之四海而皆准的办法。

6.7 使用 SQ3R 法主动阅读

> 书面的指令通常被认为是最无效的。
> *Written instruction is the least efficient.*

告诉你一个不幸的事实：书面的指令通常被认为是最无效的。对于你想要训练或者教育的大脑和身体，它们当中有很多部分不是处理语言的。我们在关于大脑的讨论中已经得知，处理语言的部分相对较小。除此以外，大脑整个剩余部分都不懂语言。

因此，似乎我们最善于从观察中学习。我们都是天生的模仿者，最佳且最有效的学习方式是观察和模仿别人，我们会在稍后再次探讨这一现象，但是与此同时，我们有一个相当棘手的问题。

此时此刻，你正在阅读本书。一生中，你所读的书可能比听的讲座多很多。但是相比于任何由经验式的学习方法，阅读是一种效率最低的学习方法。

使阅读更有效的办法是更主动一点，而不是随便捡起一本书来开始埋头苦读。广为使用的好方法为数不少，我们来仔细研究其中一个，但是与其功效类似的方法还有很多。

这项学习一本书或其他印刷品的方法称为 SQ3R，是该方法具体步骤的首字母缩写①。

❑ 调查（Survey）：扫描目录和每章总结，得出总体看法。

❑ 问题（Question）：记录所有问题。

❑ 阅读（Read）：阅读全部内容。

❑ 复述（Recite）：总结，做笔记，用自己的话来描述。

❑ 回顾（Review）：重读，扩展笔记，与同事讨论。

这项技术的第一个有用方面是主动性。人们不再是随机地捡起一本书阅读，而不管记住或者没有记住多少内容。这项技术是一种更周到、更自觉、更有意识的方法。

详细过程

首先，带着问题审视你要看的书。看一看目录、各章介绍和总结，以及作者留给你的其他标志性内容。你需要在深入细节之前得到一个总体印象。

接下来，写下你想要弄明白的所有问题。这项技术如何解决这个问题？我是要学习如何使用这项技术吗？或者这项技术实际是指向另一个源头吗？把各章节的标题改写成问题，这些都是你期望这本书回答的问题。

现在你可以阅读这本书的全部内容了。如果可以的话，随身携带这本书，这样你可以在等待会议或约会、在火车上或者飞机上或者任何空闲的时候阅读。在困难的部分放慢速度，如果内容不是很清楚就重新阅读。

随着阅读深入，复述、回想和使用你自己的语言改写书本最重要的部分。要点是什么？对想法做一些初步的记录。创造一些缩写来帮助你记忆等。真正感受这些信息，利用你的 R 型、通感②构建等。这个主题作为一部电影看起来像什么？卡通吗？

最后，回顾这本书。如有必要，重新阅读一些部分，当你再次发现一些有趣的内容时，可以扩展笔记（我们会在 6.8 节中看到按照这种方式记笔记的一种好方法）。

具体例子

例如，假设我正在阅读一本有关新编程语言 D、Erlang 或者 Ruby 的书。我翻阅目录，

---

① 参见 *Effective Study* [Rob70]。

② 指跨感官的，例如，想象数字是多彩的，单词有一种味道，等等。

看看书的主要内容。噢，一些语法的介绍，几个简单项目，还有我目前不感兴趣的高级特性。嗯，它是单继承、多继承还是混合的？我想知道迭代器在该语言中是怎么用的？如何创建和管理包或者模块？运行时性能如何？接下来看书——如果可能的话多看点，如果时间紧的话少看点。

接下来是复述，即改写。自欺欺人并不难，你可以认为"是的，我能记住全部"。但是这并不容易（参见下栏）。

测试驱动学习法

重复阅读同样的材料或者重复学习相同的笔记，不会有助于你记住材料。尝试测试吧。

通过重复回顾材料来不断测试你自己，这种方法有效得多[*]。主动、反复地尝试回顾巩固了学习，增强了大脑的内部连接。仅仅依靠反复的输入，你不会有什么效果。尝试用你正在学习的新语言编写一个程序——你需要回顾关键信息才能完成。尝试向同事解释新方法的关键部分。持续回顾——测试你的知识。你可以把这看作是测试驱动学习。当测试自己时，可以利用间隔效用。

短时间内学习大量信息不是很有效率。我们对事物的遗忘趋势往往会遵循一种指数曲线，因此，间隔你的测试时间可以显著增强记忆。例如，你可以按照 2-2-2-6 的模式设定测试时间表：在两小时、两天、两周和六个月之后重新测试。

但是，这不是使用时间的最有效方法，特别是当有大量的材料时。一些事实和想法可能更容易记忆，另一些则需要更多努力。为每一个需要记忆的事实跟踪一个记忆衰减曲线太困难了，不能手工完成。但是，我们可以利用计算机。

彼得·沃兹尼亚克（Piotr Wozniak）开发了一种利用间隔效用的算法，应用在商业产品 SuperMemo 上（开源实现参见 http://www.mnemo-syne-proj.org/）。它是一种改装的 flashcard 项目，跟踪你的记忆表现，并根据每个项目的记忆衰减曲线安排重新测试。

这是利用大脑缓存和归档算法的伟大方式。

---

[*] 参见 *The Critical Importance of Retrieval for Learning*(KR08)。感谢琼·金姆（June Kim）提供的信息。

努力使用书中的信息：尝试用这门语言从最基础编写一个程序（要与书中的简单例子和练习不同）。现在对这门语言又有何种感觉？是时候回顾那个章节了。我会做一些笔记，我知道自己肯定会再次查阅，也可能在关键表格或者图上做一些注释，或在白板上快速涂鸦以帮我记忆这些内容。现在应该与朋友或者邮件列表里的人讨论了。

> **诀窍 29**
> 主动阅读。

整个事件流听起来很熟悉，是吗？我想它清楚地反映了 R 型到 L 型的转换。就像攀岩体验一样，首先是一种全盘、浅显但是广泛的调查；然后转换到传统的 L 型活动，扩大多重感观的参与（讨论、笔记、图片、隐喻等）。

也许你一直做的"常规"笔记非常沉闷。幸运的是，有一项优秀的技术可以帮助你，将那种常规的、令人厌倦的记笔记方式和探索性的思维方式提升到一个崭新的水平。

你需要的不仅仅是笔记，你需要思维导图。

6.8 使用思维导图

思维导图是一种图表，显示各个主题和它们之间的关系。建立思维导图是一种增强创造力和生产力的技术，其应用很广泛。它由英国作家托尼·布赞（Tony Buzan）在《思维导图》（*The Mind Map Book: How to Use Radiant Thinking to Maximize Your Brain's Untapped Potential*）[BB96]一书中首创，而类似风格的图表从至少三世纪就开始出现①。

现代思维导图是一种二维的、有机的整体大纲。建立思维导图的规则是松散的，但是大致步骤如下。

(1) 准备一张很大的无格白纸。
(2) 在纸中间写上标题，用圆圈框起来。
(3) 对于每一个主要的子标题，从圆圈引出线，添加标题。
(4) 重复执行其他层次的节点。
(5) 对于其他的单独事实或者想法，从合适的标题引出线，写上标题。

所有节点都应该是相互连接的（没有自由的节点），同时该图表应该是层次结构的，

---

① 据 Wikipedia 可能最早来源于希腊哲学家 Porphyry of Tyros。当然，如果你不介意野牛也被看作思维导图，岩画的起源就更早了。

只有一个根节点，但是通常有一点限制条件。你需要使用颜色、符号和其他有意义的东西标记不同的事物。但是尝试使用文字来进行解释，起不到这种效果。例如，观察图 6-3。这张图显示了我初次学习德雷福斯模型时的思维导图。为适应页面大小，这张图被大大缩小了，因此不必注意标签里的文字——只是感受一下结构和流程。

传统的大纲存在一些微妙和麻烦的限制。对我来说，规规矩矩的线性大纲往往阻碍了创造的冲动，这种大纲的本质是一种层次结构，而这种分层往往会强化它们各自的结构。因此，一个伟大的想法如果不适合这种结构可能就会被舍弃。

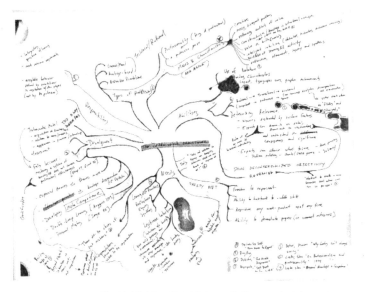

图 6-3　德雷福斯模型的思维导图草稿——杂乱但系统

当建立思维导图时，避免顺时针地填写元素——这只是一种绕圈形式的大纲[①]。

当我做有关该主题的讲座时，我通常会在这时候停下来，询问听众是否听说过或者使用过思维导图，结果是可预见的。

在美国，可能仅有百分之三或四的听众只是听说过思维导图。但是在欧洲，我得到的反馈相反，几乎每一位听众都使用过思维导图。人们告诉我这是他们小学教育的常规内容，就像在美国写一个提纲或者主题句一样。

虽然思维导图听起来非常基本、初级，但它有一些微妙的属性。它利用了你的眼睛扫

---

① 感谢 Bert Bates 提供的信息。

描和阅读一张纸的方式。通过一种线性文字或者大纲所不能的方式，空间提示可以向你传达信息，因为颜色和符号的使用增加了表达的丰富性。当你打算添加一条新信息、一个新想法或者领悟到思维导图时，你要面对这样一个问题：这属于哪一块？你必须评估想法之间的关系，不仅仅是想法本身，这是一项非常具有启迪作用的活动。

> **强调空间的线索和关系。**
> *Emphasize spatial cueing and relationships.*

在你开始填写图表时，总是有足够的空间容纳更多的信息。你可以写得小一点（不需要字体选择框），同时你可以把一些信息挤到页边缘，然后用线连起来。你可以用横跨页的长箭头连接你认为需要连接的标签。

然后，一旦你从思维导图中学到东西，就在一张白纸上再画一遍——可能会修正一些位置，反映出你学到的东西。重画和从记忆中重新获取信息有助于增强连接，还可能在学习过程中有更多的领悟。

尝试使用不同的纸。美术纸比办公用纸可能更粗糙，有一种不同的触觉感受。记号笔、彩色铅笔和钢笔也都会给你不同的感觉。特别是颜色有一种启发作用。

提升思维导图

非特定的、非目标导向的"玩"（playing）信息是一种获取洞察力、看清隐藏关系的好办法。这种精神随意性恰好是促进 R 型工作的条件。但是千万不要过于强迫，因为这是非目标导向的。你需要放开一点，让答案主动上门来找你，而不是有意识地努力强迫它出来。只是玩一玩。

你很快会意识到图形的提升不是任意的。它们开始有意义。它们有助于激发思维和意义，而不是单纯的修饰。虽然你只是问自己"我能够添加什么信息到这种关系或者对象里"，但是你实际上是在要求绘画方面，即 R 型来完成提升。

> **非目标导向的"玩"。**
> *Use non-goal-oriented "play."*

虽然很多不错的公司都制作了思维导图软件[①]，但我认为软件工具只是更有利于协作和文档——而不是头脑风暴、学习和探索性思维。对于这些活动，我建议手动绘制思

[①] 我使用能同时在 Mac 和 Windows 上运行的 NovaMind，见 http://www.novamind.com。

维导图。

为什么手动绘图很重要？见图 6-4。这是一个我在 Mac 上建立的漂亮的、五颜六色的思维导图。这是本书的早期形式。每一个节点连接着一个网站、PDF 研究论文、笔记片段或者其他重要资料。虽然很酷（非常方便回顾和查找研究资料），但这与手动就是不一样。

写作与阅读一样重要。
Writing is as important as reading.

无论是笔记还是思维导图，手写是关键。例如，听讲座时做笔记真的能帮助我记忆讲座内容——即使我再也没有看过这些笔记。

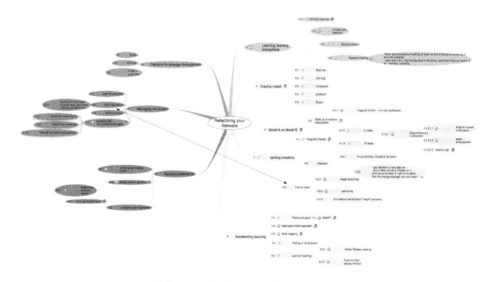

图 6-4 软件工具思维导图——精练、关联，但有效吗

我发现最有效的办法是在听讲时先草草地记笔记（这可以使你在提取要点的同时不至于分心），然后把这些草稿笔记整理成正式笔记。即使我从没有再看过这些笔记，但是整理草稿笔记的过程是最有价值的。对思维导图，你也可以做同样的事情——先做一个粗糙的，然后根据需要重画。重画有助于在大脑中形成更多关联。

诀窍30

同时用 R 型和 L 型做笔记。

试一试

这里有一个练习。

(1) 写一个对你很重要的四到五项条目的无序列表。

(2) 在纸上用钢笔或铅笔绘制一个针对以上各项的思维导图。

(3) 等待一天。

(4) 现在用十五到二十分钟修饰这张图。做些点缀，增加粗线，使用颜色，增加点涂鸦、图片，在角落添加几个卡通形象，随便什么都可以。

(5) 一周之后回顾这幅思维导图。有什么意外发现吗?

通过 SQ3R 法使用思维导图

当你不完全确定你会发现什么时，思维导图是最有效的。

读书时做笔记是一个例子。下一次读书时（也许尝试 SQ3R），请用思维导图的方式做笔记。你会对主题有一个大体上的认识，但是随着具体细节的出现，你开始看清哪些条目是互相联系的，它们是如何联系的，导图会不断填充，理解的思路就会出现。

然后，当你进入 SQ3R 的回顾阶段时，根据你的理解重画和修改思维导图。你能够利用思维导图更新你的记忆，这种方法比其他笔记形式或者重新看书要有效得多。

探索性的思维导图

同样，如果你在解决一个问题却不知道该如何做，思维导图可以帮助你。比如在设计一个新类或系统、调试 bug、评估若干商业产品或开源实现、买新车、写小说或摇滚音乐剧，都可以尝试使用思维导图。

使用词语作为标题，你不需要长篇大论，甚至连一句完整的句子也不必有。利用图标代表关键想法。重要的连线使用粗体，不确定的关联使用细长线。写上你目前知道的一切，即使你不知道它适合归在哪里。

非常快速地做第一次迭代——就像一次印象派素描。这会有利于摆脱 L 型的统治，让 R 型自由地接触导图。

启动思维导图，随身携带，特别在你当前没有大量信息添加时（正如我们稍后会看到的，只是填写相关的想法也会帮助很大）。随时填写想到的事实和主意。不必一蹴而就。根据需要重新绘制，但不是急着这样做。让它乱一会。毕竟，你是在探索一个话题。

> **使用思维导图理清思路。**
> **Use a mind map to help clarify.**

甚至你都不知道主题是什么，思维导图也可以有效地帮助你收集广泛的想法。杰瑞德·理查森（Jared Richardson）告诉我们说："我在写作或者编程时使用思维导图改变和关注我自己。它强迫我后退一步，清空想法，然后告诉我如何前进。"

我也有类似的经历，如果我陷入没有明确思路的混沌状态，使用思维导图可以为我理清思路、指引方向。

协作的思维导图

你可以把这项技术扩展到小组或者整个团队中。不再是在纸上画图，而是每个人都面对一张贴满了即时贴的白板，如图 6-5 所示①。

图 6-5　进行中的同主题归类

---

① 参见 *Behind Closed Doors: Secrets of Great Management* [RD05] 一书中的 *Affinity Grouping*。

每个人都有一些即时贴和一支记号笔。大家做一番头脑风暴，在即时贴上写下想法，把它粘到白板上。过一会，你就可以开始收集相同的主题，并把相关的即时贴整理到一起。

因为即时贴便于摘掉和重新使用，你可以根据需要重新摆放即时贴。

一旦上述工作都完成了，你就可以为每组即时贴画个圆圈，各组之间用线关联。瞧，现在你得到了一张思维导图。给这块白板拍张照片，用电子邮件发给大家①。

实践单元

- ❑ 为下一本你要读的书制作思维导图。
- ❑ 为你的职业生涯和人生规划或者是下次休假制作思维导图。
- ❑ 尝试颜色的功效：使用彩色铅笔，通过颜色对个别节点赋予特定含义。
- ❑ 尝试图形注释：随意涂鸦你的思维导图，看看会有什么发生。
- ❑ 保持迭代。在你认为自己"做完了"之后，回顾并增加一点新东西，重新开始。

6.9　利用文档的真正力量

敏捷软件开发的一个信条是避免不必要的文档。也就是说，如果文档没有提供价值，就不要记录。为了文档而写文档是浪费时间。

这是因为我们通常要花费大量时间准备低层次的、详细的设计文档，而它们很快就会过时。更糟糕的是，这些文档通常没有读者——它们没有用于任何有用的目的，只是表明团队"生成了文档"。因为这非常浪费时间，所以敏捷团队非常认真地审查是否需要生成文档，以确保文档的确有用。

很多人把这种做法理解成"敏捷开发人员不写文档"，这是错误的。敏捷开发人员的确创建一些文档，但是他们使用务实的过滤方法保证对文档的投资是真正值得的。它必须有价值。

这让我们想到一个问题：对写作者来说文档的价值是什么？创建低层次的设计文档，简单地反映代码的细节（几乎很快就会过时）对任何人都没有意义。但是其他形式的文档可能是有价值的，即使没有明确的读者。

路易斯·巴斯德（Louis Pasteur）曾经说过"机会只青睐有准备的人"，核磁共振成像

---

① 很多手机和笔记本电脑现在都内置摄像头，因此这件事变得很容易。

和脑电图测试证实了这一点。一项最近的研究^①表明，将注意力进行内源性的聚焦，这样的心理准备可以促进灵感的闪现，即使这种准备发生时还远没有面对任何具体问题。

> **机遇总是青睐有准备的人。**
> *Chance favors the prepared mind.*

将注意力调整为内源性的，就像你在使用思维导图时那样，在大脑中构建一个有利于灵光闪现的状态。因此，写文档的过程比文档本身更重要。

飞行员 Dierk Koenig 也是我的一位读者。他曾给我发来了这样一则故事。

我在准备飞行例行动作时发现了这个现象。飞行动作的流程在飞行之前都会使用 Aresti 标记法提前计划和绘制好。在飞行过程中，我们应该记好这个流程，但是驾驶室会贴上有关流程的卡片，以防大脑失灵。

虽然有 Visio 插件帮助人们建立非常漂亮的卡片，但是我更喜欢手工制作，采用一种老套的方式。有一次我在机场制作卡片，学校的负责人推了推一名学生，指着我说："快看，太酷了。"我不知道她为何这样想。我只是觉得自己在花费大量时间制作卡片。

但是很显然我也在"做思想准备"。

——Dierk Koenig

正如我前面所提到的（6.8 节），做笔记非常重要，即使你从来不阅读。在 Dierk 的例子中似乎有很多元素在起作用。

❑ 手动制作增强了 R 型处理。
❑ 笔记/卡片的主动创建有利于为以后的活动做思想准备。
❑ 可视化流程和预演可以让大脑模拟（我们会在 7.6 节简要了解更多内容）。

诀窍 31

写文档的过程比文档本身更重要。

你不必使用索引卡或者写字的纸，餐巾的背面就不错，或者一个大白板。

---

① 参见 *The Prepared Mind: Neural Activity Prior to Problem Presentation Predicts Subsequent Solution by Sudden Insight* [Kou06]。

或许你想要花一个小时来制作播客或者视频。你可能发现这对你来说更具效力，对信息的使用者来说更迷人。它也比花一周创建冗长的文档更划算。

制作视频。
Make a screencast.

视频对传递动态信息非常有效：向用户展示如何使用你的软件执行任务，或者通过一套复杂的流程来构建对象的生命周期。这是一种既划算又愉快的方式，它让很多人（甚至远方的人）都想踮起脚尖看一看你在讲些什么。

把它看做自学的另一种方式。当然，另一种学习的技术在于教别人。

6.10　以教代学

学习某项事物的最简单和有效的方法是尝试教别人。教在这里并不一定意味着攥着粉笔走向教室，它有很多种方式。你可以从简单的"和橡皮鸭聊天"开始。在《程序员修炼之道》一书中，我们描述了下面的场景。

和橡皮鸭聊天。
Talk to the duck.

你正在解决一个困难的 bug，已经花了大量的时间，最后期限迫在眉睫。因此，你找一位同事帮忙。他们来到你的屏幕前，你开始解释怎么回事，是什么地方出错了。还没说多少，你的大脑中灵光一现，"啊!"地叫了起来，你找到了 bug。一头雾水的同事，一句话都还没说，就摇摇头走了。为了省掉你的同事过来，我们建议你在桌子上摆一只黄色橡皮鸭作替身，当你遇到问题时，先和它聊聊。

另一种有用的办法是尝试向一个孩子或者你所在领域之外的人解释你的东西。诀窍就是用他们能理解的话语进行解释。这是一个向你的 Edna 大婶解释你的工作的好机会，也是一个练习从听众角度观察问题并创建隐喻的好机会，这些隐喻有助于解释、阐明你的工作。你可能会在这个过程中惊奇地发现一些新的收获和领悟。

最后，你可以尝试教一个更大、更相关的听众。在本地用户组会议上发言，或者向简讯和杂志投稿。没有什么比一大堆聪明人给你一字一句地挑毛病、帮你理清思路更有效。这是对一般而言的教学的真正回报，它澄清了你的理解，揭示了你的很多潜在假设。

请记住医学院的口头禅：

诀窍 32

观察，实践，教学。

正如我之前所说的，持续的获取对学习非常有用。在准备教授时，你不得不"回顾"，认真思考问题的答案，这都有助于增强神经关联。

6.11 付诸实践

到现在为止，我们已经研究了德雷福斯模型，并了解了如何成为一名专家。我已经展示了一些大脑的奇迹，包括可能未充分利用的另一脑半球。

本章中，我们仔细探讨了什么是学习，什么不是。我们使用 SMART 方法设定实用投资计划，还有具体的技术，包括阅读技巧、思维导图和以教代学。

但是学习只是第一步，下一步我们需要研究如何把学习付诸实践，了解获取经验的最佳方法。我们会在下一章介绍。

同时，是时候开始实践了——离开封闭的房间，与现实世界交流，推动你的个人学习。

实践单元

❑ 选择一个新主题，尝试教给一个同事或亲戚。你从教学中学到了什么？从准备中又学到了什么？

❑ 如果你还没有参与一个本地用户组，现在就开始积极参与。Java、Ruby 和 Linux 用户组有很多，但是你也会看到 Delphi、敏捷或极限开发、OOP、特定厂商产品等用户组。

❑ 认真听取发言。做一个相关的思维导图。你会添加什么？你会有所不同吗？基于你的思维导图写一个用户组的评论文章。

❑ 联系组织者，在下一次会议上要求发言。

❑ 如果没有适合你的用户组，把你的文章写到杂志或者博客上。

第 7 章　积累经验

> 我们应该小心翼翼地从实践中获得智慧并适可而止，否则我们就会像不慎坐在热炉子上的猫一样，它再也不会坐在热炉子上——这还好，但是它也再也不会坐在冷炉子上。
>
> ——马克·吐温

积累经验是学习和成长的关键——我们通过实践的方法学习，效果最好。

然而，仅仅依靠"实践"并不能保证成功，你必须从实践中有所收获，但是面对一些常见的障碍，我们很难做到这一点。你又无法强迫它，过度努力地尝试可能和不去尝试一样糟糕（甚至更差）。

本章中，我们将研究如何使每次实践都有意义。我们会看到如何实现以下几点。

❑　通过构造来学习，而不是通过学习来构造。
❑　更好地利用反馈，让失败也变得有意义。
❑　让大脑提前为成功构建神经网络。

也就是说，我们会探讨一下现实世界里学习的一些关键方面，然后看看如何为自己建立一个有效的学习环境。在这之后，我们会研究如何得到更好的反馈——避免像马克·吐温提到的那只以偏概全的猫（参见本章开头引言）。最后，我们会学习一种有趣的方法来切实积累经验。

7.1　为了学习而玩耍

根据大脑的结构，你需要自己探索和构建思维模型。大脑不是用来被动地存储知识的。某些时候在某些情况下大脑会这么做，但是正常情况下，并非如此：在研究事实之前，我们应该探索或者"玩耍"这些资料。

我们似乎有一种文化倾向，那就是本末倒置：首先努力地获取信息，然后希望以后再用到它。这是大多数正规教育和公司培训的基础。但是现实世界不是这样运转的。例如，假设你在上舞蹈课，结果发现在真正开始跳舞之前你必须得通过"舞蹈技能"的测试。当我这样说的时候，听起来很荒谬是吗？西蒙·派珀特（Seymour Papert）也是这样认为的。

派珀特在利用技术创建新式学习方法的领域是专家[①]。他发明了编程语言 Logo：一种玩具语言，孩子们也可以学会，并且在玩耍中能学到深刻的数学概念。他早期有关 Logo 的工作最后做成了乐高头脑风暴机器人玩具，以他颇具影响力的书《头脑风暴：儿童、计算机及充满活力的创意》（*Mindstorms: Children, Computers, and Powerful Ideas*）[Pap93]命名。派珀特和瑞士著名心理学家让·皮亚杰（Jean Piaget）认为，真正的学习——对你有用的学习——来自实践和认知，而不是外部的教学活动或者死记硬背。他们的方法称为构造主义：我们通过构造而学习，而不是学习来构造。

他设计了 Logo 语言，特意为孩子们提供了学习数学概念的环境，孩子们通过操作虚拟"海龟"行走和在虚拟画布上跟踪图案来学习数学概念。年少的中小学生们就要学习几何、三角、甚至是递归算法。当遇到问题时，按照 Logo 的思路，他们把自己想象成行走的海龟，从海龟的角度思考移动指令。通过改变思维角度，学生们可以利用他们已知的现实世界的行走、拐弯等知识，来探索海龟的微观世界。这是很重要的一点：构建学习，这样你可以在已知经验的基础上创造。

玩耍的意义

在这里，玩耍（play）的第一个意思类似于我们之前讨论的非目的性的探索。我们不是仅仅接收信息，而是亲自探索和构建思维模型。我们需要能够指出问题，并探索这个问题或适应它（正如我们在之前的 4.3 节中所讲的，R 型到 L 型的转换）。把玩一个问题并没有使问题变得容易，而是让我们看清如何了解这个问题。

> 在现实生活中，没有课程。
> *Real life has no curriculum.*

当然，在这种环境下，我们会犯错误。虽然是学生，但是你却无法根据课程得到那个

---

① 派珀特和马文·明斯基（Marvin Minsky）创立了 MIT 人工智能实验室，他同时也是 MIT 媒体实验室的创始人之一。

唯一正确的答案。因为在现实生活中，没有课程。你会犯错，会导致混乱。但是，这些混乱恰恰给了你所需要的反馈。

思维导图你玩得越多，效果就越好（参见 6.8 节）。通过思维导图，寻找机会来注释、修饰和绘制关系有助于你深入理解。这实际是下述观点的引申，即更积极地参与，直接把玩正待探讨的问题或者技术，不确定你会发现什么，但是想一想你可以如何扩展、联系它们。

玩耍的第二个意思引入了一种新奇的感觉，也就是乐趣。

我上周出差时，飞机乘务员对起飞前的例行乏味广播做了一点改变：整个讲话，包括法律条文部分，都使用了苏斯博士[①]（Dr. Seuss）风格的韵律。从安全带的正确使用，到有关损坏厕所里烟雾检测器的严肃警告[②]，再到氧气罩和救生装置的正确使用，都是用一种韵律十足的节奏念出来的。对于这种变化，人们会真的侧耳倾听。这是一次新鲜的演讲，非常有魅力——你会仔细去听她在说什么，猜想说话的节奏和重音在哪里。

趣味性很重要。

Fun is OK.

因为它非常有趣，演讲变得更有效果。通常情况下，没有人会注意标准模式的讲话。每个人都在忙着阅读航空商品目录或者已经开始打盹。但是有趣的广播改变了这一切。

聪明人和蠢人

我认为大多数人都比自己所想象的更有能力。派珀特说我们倾向于把人（包括我们自己）分成两类：聪明人和蠢人。我们相信聪明人身着雪白的实验室衣服，知道所有问题的答案。蠢人则是那些高速公路上在我们前面驾车的家伙。

当然，这是一种荒唐的简化。请记住德雷福斯模型是一种基于技术的模型，不是基于人的模型。世界不是由聪明人和蠢人组成，而是包括聪明的实验室研究人员和愚蠢的司机，聪明的厨师和愚蠢的政治家……

---

① 美国最受欢迎的儿童文学家和插画家。

② 这让我想到一个问题，除了烟雾检测器之外，损坏飞机的任何部分不都应该受到严厉的惩罚吗？我离题了……

但是暂且不论我们有哪些具体的技能缺陷，通常我们都是惊人的学习机器。想想小孩子在很短的时间内吸收了多少东西：语言、运动技能、社会交流、适时的发怒，等等。我们没有教两三岁的小宝宝单词技巧或者通过造句理解语法。相反，你只需要指着玩具说"鸭子"，小宝宝就学会了。鸭子会游泳，鸭子是黄色的。无需明确的培训或者练习，通过直觉他就能理解很多。

根据我 Mac 机上的字典，乐趣的定义是"好玩的行为"。

这并不意味着它很简单、没有商业价值或者无效。事实上，派珀特提到他的学生称他们的作业有趣是因为作业很难，并非无视这种困难。这是一种痛彻的乐趣：没有难得不可逾越（那就没有吸引力了），但是具有足够的挑战性来维持解决问题的兴趣，让你不断进步。

用一种好玩的方式学习新资料或者解决问题，可以让这个过程变得更让人享受，也让学习变得更容易。不要害怕乐趣。

与问题做游戏。创建闪存卡片，或者发明一种卡片、棋盘游戏，使用玩具或者乐高积木演示场景。例如，你可以创建棋盘游戏来模拟访问网站的用户。当他们降落到随机的一个角落，下一步应该去哪里？如果他们从来不点击 Go 或者 Home 会怎样？

我在第 4 章提到使用乐高积木做设计，原因是一样的：尽可能地把你整个人都参与到学习过程中，即语言、视觉、音乐、数字、肢体活动、手指活动，等等。这一切都帮助你真正感受那些资料并更有效地学习它。

诀窍 33

为了更好地学习，请更好地玩。

实践单元

- 面对下一个问题时，把自己融入其中。拟人法有助于利用体验。
- 在深入事实之前探索和适应问题。在吸收正式的事实之后，反过来进行更多探索。这是一个持续循环过程。
- 玩耍，记住并利用它的全部含义。

7.2 利用现有知识

派珀特在让学生们利用现有技能知识学习新技能时非常仔细。我们总是这样做，有时是自觉的行为，有时则不是。

把事物分成大脑足以容纳的几部分。
Try mind-size bites.

当面对一个棘手的问题时，你可以采用几种经典的方法。首先，能否把问题分成若干个更小的、更易于管理的部分？这种功能分解对软件开发人员非常实用：把事物分成大脑足以容纳的几部分。另一种流行的方法是想一想你之前解决过的类似问题。这个问题与那一个相似吗？你能使用类似的解决方案吗？还是用另一种方案解决这个新问题？

波利亚写过一本非常具有影响力的书，详细介绍了解决问题的若干经典技术，并描述了具体步骤（*How to Solve It: A New Aspect of Mathematical Method* [PC85]，参见下面的概要）。

波利亚的解题方法

解决问题时，先提问自己。

- 未知量是什么？
- 已知量是什么？
- 条件是什么？

然后制定一个计划，执行之，回顾结果。波利亚建议的一些技巧（如下所示）听起来非常熟悉。

- 努力回想拥有相同或类似未知量的常见问题。
- 画一张图。
- 解决一个相关的或者更简单的问题，放宽限制，或者使用已知量的子集。
- 所有已知量和条件都用上了吗？如果没有，为什么？
- 尝试重新叙述这个问题。
- 尝试从未知量推到已知量。

波利亚的一个关键建议是寻找以前类似的解决方案：如果你解决不了这个问题，你知道如何解决类似的问题吗？也许相似点是完全一致的（比如"这就像我上周看到的 bug"），或者是一种隐喻关系（比如"数据库的工作情况就像是一滩水"）。通过类似的方式，派珀特的学生能够利用现有的、心领神会的知识（健身操、社会交往、语言，等等），以此了解乌龟的微观世界和学习新的编程技能。

但是寻找类似点也有坏处。

你学习了一门新语言，概念与你的上一门语言相关。这就是为什么多少年来我看到如此多的 C++ 代码看起来像 C，如此多的 Java 代码看起来像 C++，如此多的 Ruby 代码看起来像 Java，等等。这是从一套技能到下一套技能的正常过渡。

危险就在于没有完成过渡和坚持混合的方式，当你没有完全接受新技能而是处于过渡状态中时，新老方式被混杂在一起，这时就有危险。你需要学多少就得忘多少。例如，从赶马车到开汽车，从打字员到使用计算机，从过程式编程到面向对象编程，从桌面的单应用到云计算。每一种转化，新的方式从根本上与旧的不同。既然是彻底不同，你就必须放弃旧的方式。

诀窍34

从相似点中学习，从差异中忘却。

另一个危险是你对以前"相似"问题的理解可能是完全错误的。例如，当尝试学习一门函数式编程语言时，如 Erlang 或者 Haskell，很多你之前学习的编程知识会阻碍你的学习。从所有顶用的方面来看，它们与传统的过程式语言不同。

失败潜伏在每一个角落。这是一件好事，我们马上就会看到。

7.3　正确对待实践中的失败

> 错误是发现的大门。
>
> ——詹姆斯·乔伊斯（James Joyce），1882—1941，
>
> 爱尔兰作家和诗人

调试是生命的一部分——不仅仅与软件有关。律师必须调试法律，机械师调试汽车，精神科医生调试我们。

但是我们不必含糊其辞，我们不是在除掉那些在走神时悄悄进入系统的臭虫。调试意

味着解决问题，这些问题一般是我们自己制造的。我们找出过失、错误、疏忽，然后改正。价值在于从错误中学习，派珀特总结得好："错误有益，因为它们让人思索到底发生了什么，知道什么地方错了，然后通过理解，纠正它。"

失败是成功的关键——但不是任意的失败，你需要管理好失败。你需要有良好的学习环境来帮助你，这样可以更容易地从失败和成功中积累并应用经验。

> *"我不知道"是一个良好开端。*
> *"I don't know" is a good start.*

不是所有的错误都来源于所做的事情，有一些来自于你没有做但本应该做的事情。例如，你阅读时碰到了单词"rebarbative"或者"horked"，你想知道这到底是什么意思。又或者你看到一种提及的新技术，而你从没听说过，又或者提到一位你所在领域的著名作者，而你从未读过他的书。查资料，网上搜，填空。"我不知道"是一个好答案，但不要就此止步。

我们往往想到的是失败或者无知消极的一面，认为要不惜一切代价避免。但是，开头把事情做好并不重要，重要的是最后把事情做好。在任何不平凡的工作中，你都会犯错误。

探索就是在陌生的环境中"玩"。你需要自由地探索才能学习。但是，这种探索应该相对没有风险，因为你肯定不想因担心害怕而止住探索的脚步。你需要探索，即使不知道走向何处。同样，你需要自由地创造——不介意自己的创造没有成果。最后，你需要在日常实践中应用学到的东西。一种高效有益的学习环境应该允许你安全地做三件事情：探索、创造和应用[①]。

诀窍 35
在环境中安全地探索、创造和应用。

建立探索环境

但是，你必须为你自己、你的团队、你的公司建立一个安全的实践环境，才可以去探索、创造和应用想法。你不会希望你的心脏手术医生动手之前说："我今天准备尝试用左手开刀，看看效果如何。"

---

① 参见 *Explore, Invent, and Apply* [Bei91]。

这不安全，一名活生生的不知情的病人不适合做实验。

你可以在公司范围之外尝试，比如在家里做开源项目。这起码会减少产生负面结果的风险。但是仅仅这样不足以为你建立一个积极的学习环境。不论是在公司团队还是在黑夜里偷偷进行的独自实验，你都需要做到以下几点。

自由实验

很少有问题只存在唯一的最佳答案。既可以用这种又可以用那种方式实现下一个功能，你会如何选择？都要！如果时间太紧张（什么时候不紧张？），至少每种方法要尝试做一个原型。这就是实验，你需要努力去做。在评估时间时，把它看作是"设计阶段"的一部分。你也需要确保这个实验不会对团队中的其他人造成不良影响。

能够原路返回稳定状态

安全性意味着，当实验出现问题时，你可以重新回到做出这些可怕改变以前的太平状态。你需要恢复到源代码之前的已知状态，然后再重新尝试。请记住，必须回到上次正确的状态。

重现任意时刻的工作产品

回溯到源代码的前一个版本是远远不够的，你可能需要真正做到运行任意版本的程序（或相关工作产品）。你能运行这个程序去年或者上一个月的版本吗？

能够证实进展

最终，如果没有反馈，你一无所获。这项实验或者那项发明果真比其他的更有效吗？你如何知道的？项目在进步吗？这周实现的功能比上周多吗？你需要证实细粒度的进展——对你自己也对别人。

在软件开发领域，很容易搭建一个满足这些需求的基础设施。这就是我们所说的启动工具包（Starter Kit）：版本控制、单元测试和项目自动化[①]。

❑ 版本控制工具存储了你工作的所有文件的所有版本。不论你在写代码、文章、歌曲还是诗词，版本控制工具就像一个巨大的回退（Undo）按钮[②]。新发布的版本

[①] 事实上，戴维·托马斯和我都认为 Starter Kit 的思想非常重要，因此在 Pragmatic Bookshelf 系列书中首先介绍了这些知识。

[②] 参见 *Pragmatic Version Control Using Git* [Swi08]、*Pragmatic Version Control Using Subversion* [Mas06] 或者 *Pragmatic Version Control Using CVS* [TH03]。

控制系统 Git 或者 Mercurial 都非常适合个人实验。

❑ 单元测试提供了一套细粒度的回归测试。你可以使用单元测试结果来比较不同的方案，把它们看做进展的重要指标[1]。不论做什么，我们都需要客观的反馈来衡量进展。这是我们的工作。

❑ 自动化把一切联系在一起，确保那些琐碎的机能都以一种可靠、可重复的方式运行[2]。

Starter Kit 帮助你自由实验，风险相对较小。

当然，你的团队实践和文化必须允许这种探索和创造的方法。对任何人而言，支持的环境既可能创造也可能毁灭学习。一行禅师提醒我们关注基本归因错误（参见第 5 章，调试你的大脑），环境往往比个人因素更重要。

> 当你种菜时，如果长得不好，你不会责怪菜。你会寻找其他理由。菜可能需要更多的肥料或者水，或者少晒太阳。你绝不会怪罪菜。
>
> ——一行禅师

实践单元

❑ 如果你的软件项目还没有安全搭建（版本控制、单元测试和自动化），那么你需要马上做好。放下书。我会等你回来。

❑ 你的个人学习项目需要同样的安全环境——不论是写代码、学习画画还是探索溶洞。准备好必备设施，培养出好习惯，让你的项目安全地探索。

❑ 你知道 halcyon 的意思吗？Anthropomorphism 呢？听说过一行禅师吗？你查找过他们吗？如果没有，你不想简单地尝试一下吗？（在 Mac 机上，你可以经常 Control-click 或者 right-click 一个单词，然后查找字典或者使用 Google，非常方便。）

7.4　了解内在诀窍

失败分两种。有一种失败对我们有益，可以从中学到东西。但是另一种无益。第二种失败没有产生任何知识：它要么一开始就阻止我们学习，要么中途毁了我们的学习。

为了识别和克服第二种失败，你需要了解内在诀窍（inner game）。理解诀窍将帮助你

---

[1] 参见 *Pragmatic Unit Testing In Java with JUnit* [HT03]和 *Pragmatic Unit Testing In C# with NUnit*（第二版）[HwMH06]。

[2] 参见 *Pragmatic Project Automation、How to Build, Deploy, and Monitor Java Applications* [Cla04]和 *Ship It! A Practical Guide to Successful Software Projects* [RG05]。

消除学习中的干扰，它强调了正确的反馈有利于学习。

在 1974 年，畅销书《网球的内在决窍》（*The Inner Game of Tennis*）[Gal97]为一代人介绍了一种全新层次的反馈和自我意识。它催生了很多后续书籍，包括《音乐的内在决窍》（*The Inner Game of Music*）[GG86]和有关滑雪、高尔夫等主题的书。

内在诀窍系列书籍帮助推广了从自身实践中学习的理念。提摩西·葛维（Timothy Gallwey）和其他作者区分了明显的外在技巧，探索了更重要的内在诀窍的细节。改进学习方法的很多内容来源于葛维有关减少失败诱因干扰和利用反馈的理念。

在那本书里有一个著名的例子，说有这样一位五十岁左右的女士，过去二十年从未打过网球，也未进行过任何剧烈的体育运动。你面临的挑战是如何在二十分钟内教会她打网球。如果使用传统的方法肯定不可能成功。但是葛维有一个好主意，不需要长篇的讲座和不断的示范。

首先，女士在旁边看葛维击球，并大声地喊"弹起"和"击球"。大约一分钟后，轮到她上场了，但她只是说"弹起"和"击球"，不去击球，而是在合适的时刻喊出相应的动作，并挥臂模仿。接下来是倾听球触及球拍的声音。如果你从未玩过，会感觉球准确击中球拍的位置时发出悦耳、清晰的声音。葛维只是告诉这位女士要仔细听，并没有明确地说出这些感觉。

下一步，该练习发球了。首先，她只是在观看葛维发球的时候哼出一个词组以获得动作的节奏。不要描述动作，只是看和哼。接下来，她尝试自己发球，同样是哼着词语，只关注节奏，而不是动作。这样过了二十分钟之后，该打球了。她得到了比赛的第一分，截击动作非常地规范[①]。

在另一个例子中，你在院子里击球，一把椅子摆在中间。这不是为了练习击中椅子，仅仅是注意球的落点与椅子的关系。因此在击球时，你会将观察到的现象喊出来，例如"左"、"右"、"高了"，等等。

> **通过探索可以学得更好，而不是指令。**
> *We learn best by discovery, not instruction.*

---

① 参见 Alan Kay 所做的名为 Doing with Images Makes Symbols: Communicating with Computers 的视频讲座。

内在诀窍系列书籍告诉我们，通过说教很难传授技能，我们通过探索可以学得更好，而不是指令。这种理念体现在椅子的例子中，学习者可以实时得到情境的反馈。

培养情境反馈

情景反馈是一种主要的内在诀窍技术，让你消除干扰，学习更有效率。在网球的例子中，老师没有教授学习者太多的运动规则，如手势、步伐等，也没有强迫她学习理论课程，而是让学习者关注于非常简单的反馈循环。这样击球，球落在这里，那样击球，球落在那里。跟着节奏。对于非语言的技能来说，这是非语言的学习，反馈循环很紧凑，反馈间隔①也很短。

看看一个滑雪的例子。多年来我参加过很多滑雪课程，它们都是千篇一律。我曾经在一位好像叫汉斯的教练的指导下滑雪，他发号施令的语速总是很快，说话还带口音。

- 夹紧手臂!
- 屈膝!
- 脚尖并拢!
- 向弧线内倾斜!
- 留神你的滑雪杆!
- 当心前面的树!

我努力倾听这个家伙说的一切，但显然语言处理中心（L 型）此时运行缓慢。我还在努力夹紧手臂，又开始思考膝盖，可眼看着树已经马上要撞上了。在此刻，大脑只是在接二连三地油炸大量的指令，停止了运转。大脑僵住了。指令太多了以至于难以同时记住和维护。

内在诀窍理论提供了解决方法：避免向学生传授一长串指令，而是教学生一种意识，并使用这种意识来纠正学习表现。意识是一种超越新手层次的重要工具。

例如，在《音乐的内在诀窍》[GG86]一书中，作者提到了一个教贝司手的故事。

作者曾经用类似那位滑雪教练的方式教学：手臂保持这种姿势，头这样歪，身体这样倾斜，现在放心弹吧。当然，可怜的学生看起来像是僵硬的饼干。

知道即可。
Just be aware.

---

① 反馈间隔指执行动作和收到反馈之间的时间段。

因此，这位音乐老师又尝试了其他办法。他让学生按自然状态演奏，但是引导他认真观察自己演奏的每一个方面——感觉如何，姿势如何，哪些乐章困难，等等。然后，无需解释，他纠正了学生的姿势和指法，并手把手指导了几个小节。指令是一样的：观察所有方面，现在感觉如何？开始演奏吧。每到这时，他的学生在这种意识练习之后都会表现出极大的进步。

这是运用内在诀窍的关键要素：不要把精力放在纠正一个一个的细节上，只需要具有意识。接受事实是第一步，只要意识到它即可。不要做出判断，不要急于拿出方案，不要指责。

你需要尝试培养非判断性的意识：不要想着来纠正，但是在出错时要知道，然后再采取行动纠正。

> **诀窍 36**
>
> 观察，不做判断，然后行动。

不仅仅是网球

现在你可能已经注意到这些例子大多数是在运动领域——涉及肌肉记忆和身体技能。但是，远不止于此。例如，核磁共振成像表明演奏音乐可以激活大脑中几乎所有的部位[①]。从演奏乐器到阅读音符、倾听音乐、遵循和弦进程的抽象原则，等等，L 型和 R 型都处于活跃状态，并一同配合着较低级别的肌肉记忆。因此，尽管我们讨论的是滑雪和演奏贝司，但其经验教训也可以应用于软件开发和其他领域。

不要动手做，而是要袖手旁观。
Don't just do something; stand there.

例如，在采取纠正行动之前完全知道"这是什么"对于调试非常重要。太多程序员（包括我自己）往往在没有完全明白真正的错误是什么之前就着急修正它。匆忙地作出判断或者过早地进行修补。你需要首先完全明白系统的原理，然后再判断哪部分错了，最后提供解决方案。也就说，不要动手做，而是要袖手旁观。琼·金姆介绍下述方法来帮助大家充分了解。

假设你在做测试优先的设计（test-first design）。你添加了一个新的测试和应该通过此

---

① 参见 *This Is Your Brain on Music: The Science of a Human Obsession* [Lev06]。

测试的代码。你认为代码没问题，点击了运行按钮。结果呢？测试失败，而这是你始料不及的。你的心跳开始加速，视野变窄，肾上腺激素增加。深呼吸，手离开键盘。仔细阅读错误信息。提高你的意识。这是怎么回事？

现在闭上眼睛，想象一下错误代码的位置。把它看做地震震中。你可能感觉地面到处抖动，但震中最明显。出错代码应该是什么样的？周围的代码呢？睁开眼睛之前想象一下错误代码和周围代码。

一旦能够想象出错误代码，再睁开眼睛，找到代码位置。如你所愿吗？的确是错误所在吗？

现在重新闭上眼睛，想象一个可通过的测试。当你能够想到测试代码时，睁开眼睛，写下来。检验一下是否和你想的一样。在你点击测试按钮之前，问问自己，结果会是什么？然后点击按钮，看看结果。

这可能是一个普通的练习，但确实起作用。下次陷入思维混乱的时候可以尝试一下。主旨就是要提高你的认识，明确地比较你想象版本的代码和真实可行的代码。

不仅仅是调试，收集需求也是一样的——特别是有现存系统参与时。杰拉尔德·温伯格认为，当你与客户交谈时，大多数客户都会在五分钟内告诉你他们最严重的问题和解决方案[①]。倾听客户的心声非常重要，不要把你的注意力放在苦苦追求酷的方案上。你可以随后再展开思维风暴，但是首先要充分了解。

内在诀窍的理念关注反馈，以此增长专业知识。培养，然后倾听经验的内在声音。只有运用倾听才会起作用。倾听、倾听、倾听。遗憾的是，这并不总是那么容易，正如我们马上要看到的。

7.5 压力扼杀认知

内在诀窍系列书籍的中心思想用一句话就可以总结："尝试会失败，认知会弥补。"也就是说，有意识的尝试通常都不会像简单认知那般有效。事实上，过度努力追求会导致失败。

仅仅是最后期限的到来就会造成心理恐慌而导致失败。例如，这里有一个针对神学院学生的著名心理研究[②]。

---

① 参见《咨询的奥秘》（*The Secrets of Consulting*）[Wei85]。（此书中文版已由人民邮电出版社出版。——编者注）

② 参见《从耶路撒冷到耶利哥：帮助行为的情境和特质变数的研究》（*From Jerusalem to Jericho: A Study of Situational and Dispositional Variables in Helping Behavior*）[DB73]。

最后期限会使大脑恐慌。
Deadlines panic the mind.

该实验选取了一组当天学习"善良的撒玛利亚人"课程的学生。在接受了做个好人、帮助服务同胞的熏陶之后，研究人员设置了一场意外邂逅。他们选择了一组学生，告诉他们下课后马上与校长开一个非常重要的会。地点在校园另一边，不能迟到——关乎学生的未来职业发展。然后，研究人员安排了一名实验协助者，打扮成一个无家可归的乞讨者，就挡在学生去校长办公室的路上。

 可悲的事实是，这些虔诚的学生，在重要会议的压力下，差不多是从这位乞讨者的头上跑了过去，疯狂地冲向会议地点。另一组学生也被告知有重要会议，只是他们有比较多的空余时间——他们并不着急。第二组学生停下来帮助乞讨者，把他带到医务室，清理卫生，等等。

压力宿醉

你也许不同意对于压力的这种认识。你可能认为自己在面对最后期限时表现得非常有效率。特丽萨·阿马贝尔（Teresa Amabile）博士的研究表明，虽然这对 L 型活动可能有一定道理（但我高度怀疑这一点），但是对于创造力和 R 型活动却是一种灾难*。

阿马贝尔和同事对工作中的创造力进行了长达十年的研究，其间，他们发现：当面对时间压力时，人最没有创造力。这与人们的普遍认识恰恰相反。

事实甚至比上述研究结果还要糟糕。不仅面对时间压力时缺少创造力，而且这种压力还有一种后期影响：时间压力"宿醉"。你的创造力一直受到压制，持续到之后两天的时间。

这就是为什么要在周五结束一个项目迭代，也是为什么在经过时间混乱、惊慌失措的危急时刻之后需要一个整顿时间。

请安排恢复时间以应对你的时间压力宿醉。

---

* 引自 *The 6 Myths of Creativity* [Bre97]，感谢琼·金姆提供线索。

当大脑受到压力，它会主动停止一些思考，眼界会缩小，不再考虑可能的选择。更糟

糕的是，你把 R 型完全拒之门外：L 型主导一切。当你认为时间至关重要时，R 型根本没有机会工作。

你的搜索引擎、创造力和聪明才智也是这样。正如我们之前提到的滑雪教练或者贝司老师，由于他们释放了一连串的口头指令，你的思维也会被冻结。R 型同样被拒之门外了。

几年前，我有过一次类似的有趣经历。那时，我们几个人参加了一次温伯格组织的研讨会①。其中一个练习模拟了制造行业。大约十到十二个人被分成工人、经理、客户等角色，会议室的桌子变成了工厂，索引卡代表产品、订单等。当然，遵循所有优秀模拟的惯例，这里设置了个小陷阱。按照普通手段难以满足生产需求。因此，压力开始出现，管理者开始做出糟糕的决定，随后是更糟的决定，接下来是灾难性的决定。工人们开始搞不清楚为什么他们老板的决定如此荒唐。

幸运的是，此时模拟结束了。考克伯恩（Alistair Cockburn）也参与了这次会议，他形象地描述了我们大家共同的感受：大脑在恢复思考时有一种刺痛感，就像思维刚才都已经睡着了，类似于胳膊或者手被蜷在一个非常不舒服的位置，再动的时候会疼。

面对压力时，我们需要放松。

允许失败

我曾说过错误对成功很重要。从内在诀窍系列书籍学到的另一个重要经验是，*允许失败会促进成功*。你无需主动犯错误，只是一旦犯了，那也没什么。这听起来有点违反直觉，但是一旦你实践这种想法，就非常有意义。

诀窍 37

允许失败，你会走向成功。

例如，那位贝司老师讲述了一个普遍问题。很多优秀的学生在聚光灯下就会僵住，不能高水平地演出。因此，他耍了个花招。他把学生带到舞台上无情的聚光灯之下，但是宣称评委还没有准备好。他们依然在准备最后一个候选人的资料。甚至麦克风也没有打开。那么演奏一下吧，算是热热身。

---

① 参见《成为技术领导者》（*Becoming a Technical Leader: An Organic Problem-Solving Approach*）[Wei86] 和 http://www.geraldmweinberg.com。

当然，老师在撒谎。

事实上，评委在仔细倾听。结果这些学生们不负所望，演奏得非常精彩。他们非常放松，因为被允许失败。不论是认知学还是神经学方面的原因，一旦你被允许失败，你就不会失败。可能，这也有助你关闭过度活跃的 L 型思维。

没有了压力之后，你就可以集中注意力，非常放松地观察——记住第一宗旨：认知胜过尝试。在众人强烈的关注下，我们难以观察和表现出色；在最后期限的压力下，我们也难以让思想开花结果。那种迅速击毙想法的"头脑风暴"会议也有类似的破坏性影响。

> 建立"允许失败"的地带。
> Create "failure permitted" zones.

相反，在平常的软件项目中非常有可能建立"允许失败"的地带。关键是要建立一种失败代价接近零的环境。在头脑风暴会上，所有想法都写在白板上（或者其他什么地方）。如果某个想法没有进一步的动作也不会有什么成本。想一想单元测试的敏捷实践。这里，你可以自由地允许单元测试失败——甚至是鼓励失败。你从中有所收获，修改代码，继续前进。

原型也给了你类似的自由。也许它有用，也许没用。如果没用，你可以学到教训，应用到实践中，在下一个迭代中使用。

另一方面，如果失败是有代价的，就不会允许实验。没有风险，也没有收获，只有僵硬的思维，就像冲到汽车前面的鹿，等待着一场不可避免的、血腥的事故。

但是如果现实环境真的很危险怎么办？这没关系，你需要一个允许失败的环境。但是如果你练习跳伞怎么办？或者滑雪？如何才能提高在这种富有挑战性环境下的成功机会？

7.6　想象超越感观

内在诀窍（inner game）的名字意味着真的可以在内部玩。除了现实世界之外，你也可以从大脑中取得经验。

假设你坐在电影院里，正观看汽车追逐的高潮部分。你的脉搏加快，呼吸急促，肌肉紧张。

但是等一下，你并没有真正置身于追逐中。其实你正坐在舒适的软席椅上，享受着空调，喝着饮料，吃着爆米花，看着投射到荧幕上的画面。你根本没有危险[1]。

然而，你的身体反应就像你正处于危险境地一样。事实上，这样的反应不必非是在看电影时才有，看书时也会有。甚至不需要是发生在当前时刻的事情。你还记得小学时欺负人的坏蛋或者可怕的老师吗？初恋呢？这些只是记忆，但是想起它们也会导致相应的身体反应。事实证明，大脑不是很擅长分辨输入源。实时的感知数据、过去事情的记忆，甚至是从没发生过的单纯想象都会引起相同的生理反应（见图7-1）。

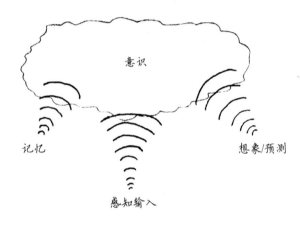

图 7-1   所有输入都是等价的

娱乐业就是依靠这一点。

事实上，情况有点糟糕——对事件的记忆或者想象经常不顾更加准确的实时感知数据。这使得目击者的报告存在一些问题：你认为你看到了，其实你没有看到。

鸡蛋是白色的，是吗？

贝蒂·爱德华在色感一致性现象中描述了类似的例子。大脑的某部分会覆盖来自视网膜的颜色信息。就像我们之前提到的简化的木棍图表示法，你"知道"天空是蓝的，云是白的，金发是黄色的，树是绿的——就像一组彩色蜡笔。

爱德华介绍了美术老师对一组学生做的一个有趣测试。老师搭建了一组静物，包括白色的泡沫塑料几何物体（立方体、圆柱和球体）和一纸箱常见的白壳鸡蛋。他补充说，彩色的泛光灯使静物中的一切略添桃红色，然后让学生开始画画。

---

[1] 除了橙汁流到地板上造成生物危害之外。

据爱德华的描述，所有的学生都把白色的泡沫塑料物体画成桃红的底色，就像它们出现在彩色灯下一样。

但是，鸡蛋不是。

学生把鸡蛋画成了白色。"鸡蛋是白色"的持续记忆覆盖了他们在彩色光下的真实颜色。更值得一提的是，当老师指出鸡蛋是粉色的时候时，学生也视而不见，他们坚持说："鸡蛋是白色的。"

很多感知是基于预测的[①]，预测则基于情境和过去的经验，以至于当前的、实时的输入被抛在了后面。你是否有过一位朋友突然在外形上做了很大改变？他们留了或者剃了胡须，或者改变了发型或染了色，而你没有立刻意识到？甚至是过了一段时间也没意识到？

> 看法是基于预测的。
> Perception is based on prediction.

一个经典的例子是，妻子换了新发型，丈夫根本没有注意到——丈夫所"看到"的内容基于过去的信息。这就是大脑的工作方式[②]。

既然这一现象通常基于记忆的经验和想象的经验，你就可以好好利用它，让它为你服务。

利用大脑模拟成功

本节你需要耐心听我讲，因为内容听起来像巫术一样，非常让人怀疑。但是，既然大脑有点容易受到输入源的欺骗，那么想象自己成功被证明是一种达到成功的有效方法。

你可以提高你的表现——不论是演奏小提琴、调试代码还是设计新的架构——通过想象你已经成功地做到了这些。

首先，让我们看一些实际例子。你可能已经注意到，如果你参加一个会议或者聚会，周围全是更高技能的人，那么你的能力就会提升。也许你可以更清楚地表达或者更好地证明自己的观点。或者你甚至有了自己的观点。

---

① 这是《人工智能的未来》（*On Intelligence*）[Haw04]一书中的主要发现。

② 当然这不能作为犯错的理由。

传奇爵士乐吉他手派特·麦席尼（Pat Metheny）让这个想法更进了一步，他建议："让自己始终成为乐队的最差乐手。如果你是最好的，你需要换一个乐队。我认为这对几乎所有事情都奏效。"[①]

也就是说，如果你的周围全是高技能的人，你就会增长自己的技能水平。一部分原因是来自于对他们实践和方法的观察和运用，还有一部分是来自于对自己大脑的调节，使其在更高水平上工作。你有一个被称为镜像神经元的天然机制来帮助你：观察别人的行为，激励你也做同样的行为。

我们是天生的模仿者。
We are natural mimics.

内在诀窍书籍的作者们建议你把自己想象成专家。他们注意到，仅仅告诉学生去"模仿"所在领域的名人就足够提高他们的水平了，毕竟我们是天生的模仿者。你已经听过迈尔斯·戴维斯（Miles Davis）的音乐，读过李纳斯·托沃兹（Linus Torvalds）的代码，看过《程序员修炼之道》[②]。

你可以在大脑中想象编写代码或者假装交流需求。你可以"演奏"乐器，即使乐器不在你面前——你可以想象自己握着它，非常好。

本着类似的想法，奥运会运动员也做这种离线实践。他们会想象自己飞驰在跑道上，拐弯，适当地做出反应。通过持续做这种事情，大脑会形成惯例（gets grooved）[③]。它习惯了正确地做这件事情，因此当真正来到赛场时，成功就顺其自然了。

诀窍 38
让大脑为成功形成惯例。

习惯"成功"的感觉非常重要，值得先假冒一次。也就说，你需要人为地创造条件感受一下，为了体验一下这种近似的成功感，不论需要何种脚手架，你都应配置。

体验使需脚手架。
Experience using scaffolding.

---

① 感谢 Chris Morris 和 Chad Fowler，见 *My Job Went to India: 52 Ways to Save Your Job* [Fow05]。
② 如果你还没有读过，赶快跑（不是走）到书店买一本。我说真的。
③ 爱德华·德博诺（Edward de Bono）的术语。

游泳者的体验方法是：在身上绑一根绳子，被拖着在水中快速前进[①]。游泳者在凭借自己的能力达到这个速度之前，可以体验一下感觉。这不仅仅是一种慷慨的好意，在这次体验之后，游泳者的表现会显著提高。

你可以尝试另外的方法。如果愿意，你可以使用负面脚手架，或者说不用脚手架。也就是人为加大客观条件的难度。然后当你真正尝试时，它就会显得很简单。跑步者可以在脚踝上绑上重物或者跑过齐腰深的积雪。Ruby 程序员可以用 C++做一段开发。C++类似于在脚踝上绑上重物，在此之后，动态语言就显得非常容易了。

你可以想象实践并从中学习，如同真实体验一样有效。大脑不知道其中的差别。因此，放下压力，弄清楚哪里出错，假装你已经修正了它。

然后，你就真的会改正它。

实践单元

☐ 下一次面对困难局面时，请记住："尝试会失败，认知会弥补。"停下来，首先完全弄明白问题在哪里。

☐ 为失败做计划。要知道，如果犯了错误，也没关系。看看这是不是有助于减轻压力和提高表现。

☐ 成为专家。不要只是假装，要真正地扮演专家的角色。注意这么做会如何改变你的行为。

☐ 考虑你需要哪类脚手架来体验专家经验，看看你能否安排好。

7.7　像专家一样学习

现在你应该感觉自己可以更好地控制自己的学习体验了。

在本章中，我们研究了玩耍促进学习的意义和实践中允许失败的重要性。我们从内在诀窍系列中学到了经验，了解了怎样对大脑施加一些骗术，不论是好的还是坏的。

不要忘记，随着经验的积累，你会在德雷福斯模型中的不同阶段不断前进。你不断积累的经验会逐步改变你的观点，你会发现自己从新知识的角度重新诠释过去的经验，并且增强了思维模型。

---

① 感谢琼·金姆提供的示例。

正如我在 5.1 节提到的，记忆的每一次读取都是一种写入。记忆不是固若金汤的，逐步增长的专业知识会渐渐添加到你要使用的过滤器和匹配模型中。

直觉就是这样增长的：你有越来越多的模型来借鉴和应用，也有越来越多只可意会的知识来帮你确定要搜索什么，以及何时搜索。换句话说，你开始感受到专家行为的初级阶段。

但是首先，剪掉绿线

似乎每当电影里出现拆除炸弹的情节时，主人公首先接受的指令都是拔出零件，坚决按照指定顺序切断电线。然后拆弹小组会纠正说："噢，动手之前请先剪断绿线。"但为时已晚，预示悲惨结局的滴答声越来越强。因此，下一章，我们将研究"绿线"，了解你应该首先做的事情。

我猜你可能已迫不及待想立即尝试本书提到的所有知识。

但是现实生活中每天的工作难以逾越——所有的电子邮件、会议、设计问题和 bug。在很短的时间内有太多的事情要做。所有伟大的想法都在每天各种紧急事情的无情碾压下逐渐消融。

下一章，我们将探讨几种方法来管理大量的信息，并更好地控制值得你关注的事情。

第8章　控制注意力

好问题是没有答案的。它不是一个需要拧紧的螺栓，而是一颗种下的种子，由它可以收获一片思想的绿洲。

——约翰·安东尼·查尔迪（John Anthony Ciardi，1916—1986），美国诗人和评论家

毫无疑问，我们生活在信息丰富的时代。但往往过犹不及，过多的信息却导致了知识和注意力的匮乏。置身于应接不暇的信息中，很容易失去思考的重心。与其游荡在信息的高速公路中[①]，不如主动地管理你的思维。

与第6章中的方法相同，你需要更加主动地管理思维，必须能够将重点放在你所需的信息上，过滤掉身边大量的无用信息，在恰当的时候获取到恰当的信息。既不会被无关紧要的细节所迷惑，也不会错失任何微妙的线索。

在本书的这部分，我们将沿着以下三点研究如何更好地管理你的思维。

❑ 增强注意力
❑ 管理你的知识
❑ 优化当前情境

注意力表现为关注感兴趣的领域。你可以仅关注相当少的事情，让在此之外的，事件和见解逃脱你的注意。当前情境下许多事情都会争夺你的注意力，有些是值得关注的，而大部分是无关的。我们将会研究增强注意力的方法。

有时候，我们将"信息"和"知识"这两个词互换使用，但实际上它们是不同的事物。信息是在特定情境下的原始数据。例如，微软公司花费了 10 亿美元收购了一些公司

---

① 我想到了过去的视频游戏"青蛙"，结果同样混乱。

只是一条信息，当今不缺少信息。而知识才揭示了信息的意义。你针对信息花费时间、注意力和技巧，并从中获得了知识。再看微软的收购行动，我们分析得出这将改变市场的格局，将提供更多的机会，并影响其他厂商的知识。我们将会研究一个更好的方式来组织你的深谋远虑。

情境，超出了本书之前的使用范围，它是指你此刻正在关注的事物的集合。比如，你正在调试一个程序，所有的变量、对象关联关系等构成了当前的情境。把它看作某一特定时刻你正处理的信息的"工作组"。

理解这三个互相关联的主题将会帮助你更高效地管理思维。

第一件要做的事就是专心。

8.1　提高注意力

早在 2000 年我还在做有关实用编程演讲的时候，我听说了一个很奇怪的新闻故事。在宾夕法尼亚州的达比市，一名老妇人走在前往杂货店的路上，一个年轻人跑过来并猛地撞上了这位妇人，然后跑开了。老妇人担心被抢劫，于是很快检查了随身的钱包和贵重物品。虽然受到了惊吓，但她的状态还好，于是继续走向杂货店。

她在店中和几个人交谈，并买了奥利奥饼干和一份报纸，然后离开了。但当她回到家中，她的女儿马上尖叫起来，她看到妈妈的脖子上插着一把牛排餐刀。

太令人惊奇了，人竟然可以在分心的情况下忽视这么严重的事情。在担心被抢劫的情形下，这位老妇人都没有注意到她脖子被刺伤的疼痛。

如果你都可以忽视掉如此明显的事情——比如插在你脖子上的刀——那么想想你身边还会有其他什么事情从你的注意力中逃脱。

注意力短缺

你的注意力是供不应求的。每天有那么多的事情都争相获取你的注意，而你仅仅能关注其中的一部分。

在多处理器系统中有一个众所周知的设计问题：如果不小心，就会导致某个 CPU 花费所有的运行周期与其他的 CPU 协调任务，但实际没有做任何工作。同样，人们会很容易毫无意义地分散注意力，结果没有什么事情获得了我们充分的注意，我们也没有做任何有效的事情。

注意大脑的"空闲循环"。
Beware idle-loop chatter.

也不总是外部的事物在争夺你的注意力。例如，在 4.2 节中我们看到的，L 型模式的 CPU 有一种"空闲循环"程序。如果没有更紧迫的事情值得你去注意，闲置循环将会停留在一些低等级的困扰或不紧急的问题上，如"午饭吃什么"，或重放某个交通意外或争吵。这当然干扰了 R 型处理，你就又回到了使用半个大脑工作的状态。

你可能常常对自己说："我很想去做，但我没有时间。"或工作中出现了新任务，而你认为自己只是苦于没有足够的时间来处理它。时间不是真正的问题。正如在前面所指出的（见 6.3 节），时间是你自己分配的。并不是我们没有时间了，而是我们注意力不够。与其说你没有时间，不如更准确地说你没有带宽。当你的带宽——你的注意力资源——过载时你将会错过某些事情。你无法学习，无法适当地开展工作，你的家人也许会开始认为你得了脑瘤或其他疾病。

如果你注意——真正集中注意力——你就可以完成很了不起的事情。保罗·格雷厄姆（Paul Graham）在他的《黑客与画家》[Gra04]一书中提到："一个海军飞行员在夜间以每小时 224 公里的速度在甲板上着陆一架 18 吨重的飞机，可能比一个普通少年切下一片硬面包圈更加安全。"

我可以很容易地回忆起当我十几岁的时候，我耐心地站在烤面包机前脑中闪过的念头。这念头与英国松饼、百吉饼、面包、果酱和我面前忙碌的机器都无关。少年的心很容易走神，而且随着年龄增长也不见得有所改善。

另一方面，飞行员是真正特别专注的。在那种情形下，片刻的犹豫不决或错误，将导致壮烈地死去。我们需要培养在没有任何危险的情况下，也能如此集中注意力的能力。

放松的、集中的注意力

下面尝试一件简单的事情。坐下来待一会儿，不要想你昨天犯的错误或担心明天可能出现的问题。着眼于现在，此时此刻的这一瞬间。

没有任何分心。

没有任何自言自语。

---

① 此书中文版已由人民邮电出版社出版，同时在售精装版和简装版，译者阮一峰。——编者注

我就在这等着。

这并不容易，不是吗？大部分冥想、瑜珈以及类似的练习都是为了这个相同的目标：缓和大脑里 L 型嘈杂的声音所带来的痛苦，生活在此刻，不要将你的精力不必要地分散，因为内心中喋喋不休的杂事会击倒我们。

《公共科学图书馆-生物学》（*Public Library of Science-Biology*）①中发表的一份研究报告显示，冥想的训练可以提高人的注意力。

他们的测试衡量了在同时面对多种虚拟场合、多种刺激下，个体分配认知资源的状态。听起来好像日常在办公室中一样……

得到大量冥想培训的人，胜过只接受了极少培训的人。但最有趣的是，没有人在测试时冥想。正如文章的结论：

"因此结果表明，密集的心理训练可以持久并显著地改善人们在相互竞争的刺激下，对注意力资源的有效分配，甚至人们并没有主动利用他们学到的技术。"

> **全天候受益。**
> See benefits 24x7.

换言之，在一天中你可以随时集中注意力，而不只是当你冥思或明确"注意"的时刻。这是一个巨大的收益：就好像通过体育锻炼，能获得更强、更长久的健康。

诀窍 39

学习集中注意力。

如果你想在一天中更有效地支配你的"注意力资源"，那么就需要学习一些基本的冥想技巧。

如何冥想

从世俗到宗教，有很多形式的冥想技术。在这里研究一个行之有效的特定形式，它源于佛教传统，但你并不需要是一个佛教徒或做其他任何特别的事就可以有效利用它②。

---

① 参见 *Learning to Pay Attention* [Jon07]。
② 冥想是一种常见的主题，即使有时候并不是以这种明确的表达方式出现。例如，在犹太教和基督教的圣经中提到我们应该"休息，要知道我是上帝"。做到"休息"是最难的，不论是什么信仰。

力求放松的认知。
Aim for relaxed awareness.

你想要的不是走神或入睡或放松或考虑巨大的奥秘（Great Mystery）或任何类似的事情（对于这些特别活动还有其他形式的冥想）。相反，你想要的是沉浸到一种宽松的思维状态中，在这里你可以意识到自己和你的情境，不用做出任何判断和回应。这就是所谓的内观冥想。那一刻你意识到某些事情，但是没有额外的思考。顺其自然。

在这种风格的冥想里，你需要做的"所有"事情就是注意自己的呼吸。这不像听起来那么容易，但它的确有不需要任何道具或其他特殊设备的优点。以下是具体步骤。

- ❑ 寻找一个安静的地方，摆脱干扰或中断。这个可能是最难的一步。
- ❑ 舒适、清醒地坐着，挺直背。让你的身体放松下来，就像一个玩具娃娃。花点时间感受体内的任何紧张情绪，将其释放。
- ❑ 闭上眼睛，将注意力集中在呼吸——空气进入和离开你身体的这一点上。
- ❑ 注意呼吸节奏，吸气的长短和质量，吸气后屏气的短暂间歇，呼气的质量，呼气后屏气的短暂间歇。不要试图去改变它，只是感受。
- ❑ 将思维集中于呼吸。不要说话。不要描述你的呼吸或其他任何想法。不要与自己交谈。这是另一个困难的部分。
- ❑ 你可能会发现自己在思考一些问题或在与自己交谈。每当你注意力游荡开去，就要抛弃这些想法，轻轻将注意力回到呼吸上。
- ❑ 即使你的思维经常游荡，这个练习能使你发现自己的注意力在游荡，并且每次都能使自己回来，这对你是很有帮助的。

正如 4.2 节中的绘图练习，你需要停止自言自语。在本例中，请你把注意力明确地放在呼吸上。在绘图练习中，你努力阻止头脑中出现任何词语。在本项练习中，词语可以出现——但你只需将其释放。只要意识到即可，不去思考或作决定。语言、感觉、想法以及其他任何东西来到时，你都不需要理睬它们，让注意力回到呼吸上。

进行这项练习时有一点非常重要：不要睡觉。你需要放松自己的身体和平静你的思维，但是要保持清醒，事实上，你要非常清醒地专注在呼吸上。

经过一段时间的练习后，你可以主动尝试控制自己的呼吸。分段呼吸的方法是，将呼吸看作空气经过三个独立的仓库：

- ❑ 腹部

- ❑ 胸部和胸腔
- ❑ 胸部的最上部和锁骨（但不包括喉咙）

充分将体内气体呼出。在吸气时，首先充满腹部，稍稍地停留，然后充满胸部，最后向上充满至锁骨。保持你的喉咙打开，下颚放松。不要紧张。

短暂停顿，然后正常呼出。

短暂停顿，然后重复上面的动作。

你也可以转换方法，自然吸气，然后以分段方式呼气，或两者都做。在任何情况下，都要保持呼吸的意识，感受空气在你的肺中，并让其他的想法自然溜走。

当然，如果上述任何操纵呼吸的活动让你焦虑、气短或有任何的不舒服，请立即恢复自然呼吸。没有人在对你的表现打分，做适合你的事，不要做得过火。开始先尝试几分钟（比如三分钟）。

许多人在研究冥想的益处。最近[①]，研究人员发现，即使是孩子——中学生——也可以受益。学生们参加了为期一年的学习，结果发现他们提高了保持平静警觉状态的能力，改善了有关情商的技能（自我控制、自我反省/意识、灵活的情绪反应），并提高了学习成绩。对于坐着呼吸来说这是个不错的投资回报。

冥想听起来好像没什么意义。但实际上意义重大。我强烈建议你尝试片刻，因为专注是一种重要的技能。

实践单元

- ❑ 定期做冥想。开始时，每天选取几个容易想起的时刻进行三次深度放松的"冥想"呼吸练习，例如，在起床时，在午餐、晚餐时，或参加会议之前。
- ❑ 最好在每天的同一时刻，尝试持续 20 分钟的冥想练习。你能够开始平静内心的想法了吗？

在阅读下面的章节前尝试做这件事……

你必须立即停止阅读并尝试这件事，否则在阅读时你将会呼吸不适，将不能专注于下一节内容——非常奇怪的内容——有关如何主动地分散注意力。

---

① 参见 *The Experience of Transcendental Meditation in Middle School Students: A Qualitative Report* [RB06]。

8.2　通过分散注意力来集中注意力

有些问题的解决需要较少意识的参与。这导致了一个有趣的问题。怎样才算是"起作用"了？

当你将某些东西腌制 12 小时的时候，你是在"烹饪"吗？当你闲坐着思考问题的时候，你是在"工作"吗？

是的，这就是答案。创造力不是按照考勤钟来运转的，并且在压力下也一般不产生结果。事实上，情况刚好相反：你必须有意识地忘掉问题，让问题在思维中浸泡一会。

> 不做某些事。
> Don't do something.

Doing Nothing: A History of Loafers, Loungers, Slackers, and Bums in America [Lut06] 一书的作者汤姆·卢茨（Tom Lutz）说过："显然，对于许多人来说，创造过程中有大量时间你只是坐着而什么都没做。"但是要澄清一下，这不是指没有做任何事情，指的是没做某些事。

在后工业化社会，这导致了一个问题。这种关键的"思维时间"在大多数企业中一般是得不到批准和报酬的。现在对程序员（或其他知识工作者）有一种普遍的误解，如果你没有在键盘上打字，你就没有在工作①。

只有在你有一些待处理的数据时，才会把工作转移到无意识状态。你首先需要在头脑中"填满"你知道的事实。

卢茨接着说，每个人都有自己的"浸泡"方式，也就是让他们思想发酵的方法（例如，我喜欢通过修剪草坪的方式）。我们曾谈论 R 型如何获得运行的机会，但是有一个相关的想法来自意识的"多草稿"模型。

在《意识的解释》（*Consciousness Explained*）[Den93] 一书中，丹尼尔·丹尼特（Daniel Dennett）博士提出了一种有趣的意识模型。在任何特定时刻，你的头脑中包含了事件、想法、计划等多个粗略的草稿。丹尼特将"意识"定义为某一时刻下，头脑中占有最多脑细胞或处理活动的某个草稿。

---

① 这种观点反映了时代偏见，比如，新千年一代不像婴儿潮一代那样在意这一看法。

将多个草稿看作萦绕在头脑中的不同萤火虫云①。大部分萤火虫都自由地闪烁，荧光形成了云。当几个云同步闪耀时，它们其实相当于接管了大脑片刻，这就是意识。

多草稿形成了意识。
Multiple drafts form consciousness.

假设你的感官注意到了一些新的事件。丹尼特博士说："一旦大脑的某些局部特定部分观察到了一些事件，该信息内容就不需要再发送给大脑其他主要部分做筛选……这些局部空间短暂的分布式内容选取是有特定时间和特定部位的，但是在它们工作时大脑并没有意识到信息的内容。"

> ### 拖延与浸泡
>
> 怎么区分你是在浸泡思想还是在拖延、浪费时间呢?
>
> 我总是把拖延称为"做纸娃娃"。一个密友（姓名保密）第二天有一门重要的考试，但是前一天晚上，她并不学习，而是坐在沙发上剪纸娃娃。当时这在我看来就是典型的耗费时间：一个无关的非生产性的活动阻碍了你需要做的真正工作。
>
> 但也许我错了。也许这不是拖延。这是一个高级触觉练习，也许是她浸泡思想的方法。她通过了测验并以优异成绩毕业。
>
> 如果某个任务你真的不想做，那么任何分散注意力的努力都很可能只是耗费时间。如果你仍然有兴趣，但感觉"困难"，那么思想其实是在继续发酵，这当然没问题。

换句话说，认知尚未达到意识的水平。他继续说："这种内容流，由于它的多样性而像是一篇记叙文；任何时候在大脑中的各个地方都有多个叙事片段的'草稿'处在不同阶段的编辑状态中。"这种由草稿到草稿的流形成了我们所认为的叙述。

丹尼特的理论是对所谓的笛卡儿剧场（Cartesian Theater）模式的一个非常有趣的替代。在笛卡儿剧场的模式下，假设大脑存在一个意识中心，它指导大脑的活动以及你的行动。这有点像播放意识流的电影屏幕。

但是，事实可能并非如此。多草案的理论支持更分散的处理模型，这更符合目前的研

---

① 感谢 Steph Thompson 提供了该隐喻。

究。没有单一源头或执行监控器来控制这些大脑部位。相反，此刻被共同激活的任意区域形成了你的意识。这使得意识具有一种颠倒、自组织甚至可能突然出现的属性。

让我们再回到浸泡的想法，尽可能去接受它，你需要时间让这多个草案发酵、渗透和发展。其中某一个想法将是"当前式"，并成为意识的内容，但是这并不意味着所有其他草案将被丢弃或被认为是无关的。

你听说过顾问的"三法则"吗[①]？一般情况下，如果你不能想出计划可能出错的三种方式，或想出一个问题的三种不同解决方法，那么你的思考还不充分。你可以把"三法则"应用到多草稿模型上，让至少三个可选择的想法来发酵并形成意识。它们已经存在，只需让它们生长和成熟。

是的，这可能仅仅意味着坐着并无所作为。把脚跷在桌子上，一边吃着香脆的点心一边哼唱着小曲。

诀窍 40

挤出思维的时间。

那么，现在你该怎么做？正如你需要从 R 型转换为 L 型模式来更好地学习，你也需要更加积极地处理知识。

实践单元

❑ 你最喜欢的浸泡思想方式是什么？你尝试过别的吗？

❑ 你曾批评过别人在思考浸泡上花时间吗？你现在会有所改变吗？

❑ 你有没有因为浸泡思想而被批评？下一次再发生这种情况时，你将如何应对？

8.3 管理知识

现在是时候来处理你的想法、见解、原始信息和知识，并把这些混乱的东西变成一些卓越的东西了。

但是这一次，你所需要的不是你的大脑。你需要增强你的处理能力。

这些主题都是什么？它们为什么写出来这么有趣？让我来解释一下……

---

① 参见温伯格的《咨询的奥秘》[Wei85]。

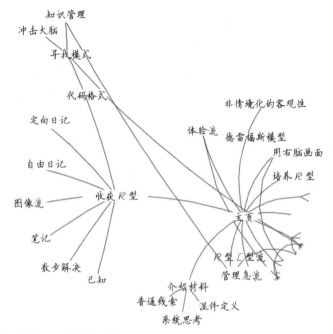

开发外部信息处理系统

正如我在 3.2 节所说的，你需要随时随地做好准备捕捉信息。但是，一旦你捕捉到它，不能只让它呆在那里，这对你没有任何用处。你需要处理这些材料：组织它，发展它，合并不同的材料，并将整体的想法提炼和划分为更具体的想法。

你需要一个地方来存放想法，在这里你可以更有效地利用它们。基于现代科技，我建议你使用某种超链接性质的信息空间，可以很容易进行自我组织和重构。但在深入细节之前，让我解释一下为什么这是如此重要。

> **大脑之外的思维支持工具会成为你思维头脑的一部分。**
> **External support is part of your mind.**

这不是一种单纯的文书活动。据有关分布式认知的研究表明，大脑之外的思维支持工具会成为你思维头脑的一部分。不但大脑本身很神奇，我们还可以通过提供一些关键的外部支持为它增压。

美国前总统托马斯·杰斐逊一生拥有过大约 1 万册书①，是一个书迷，这些书的主题

---

① 他在 1815 年捐献了其中大约 7000 册，成为国会图书馆重建的基础。

丰富多彩，从政治哲学到音乐、农业及葡萄酒酿造。每本书都成为他意识的一小部分，但可能并不是整本书，因为我们绝大多数人都没有百科全书般的记忆力。一旦你读过一次，记得去什么地方找到对应的细节就足够了。

爱因斯坦也深谙此道。据称他曾被问到一英里有多少英尺，他回答说，他不会在头脑中填满能轻易找到的东西。这就是参考书籍的用处，这是一种有效使用资源的方式。

你自己的藏书，你的笔记，甚至是你喜爱的 IDE 和编程语言都构成了外部信息处理系统的一部分，它是在你实际大脑之外的思维内存或处理组件。作为程序员和知识工作者，我们可能比大多数人更依赖于计算机去建立更多的外部信息系统。当然，并非所有基于计算机的工具都合适。

对于浸泡、分类和发展想法，我发现一种最有效的工具就是个人的 wiki 。事实上，正如我们将看到的，通过 wiki 组织你的伟大想法，你会得到更多的伟大想法。

使用 wiki

传统的 wiki （Wiki-Wiki-Web 的简写）是一种网站，它允许任何人使用普通的网络浏览器编辑每个网页。在每一页面的底部都有一个链接标示"编辑此页"(Edit This Page)，如图 8-1 所示。

HomePage | RecentChanges

MyTestPage

On this page, you can add all sorts of content.

- Bullet lists are made using
- Asterisks

Paragraphs are made by using blank lines in between text.

So that this is another paragraph, and so on.

Links to other pages are made using camel case words, such as HomePage

HomePage | RecentChanges
Edit this page | View other revisions | Administration
Last edited 2008-08-13 15:48 UTC by Andy (diff)

Search: _____ (Go!)

图 8-1　显示 wiki 页

点击那个链接，网页内容就会出现在一个 HTML 文本编辑界面中。然后，你可以编辑网页，并点击"保存"按钮，你更改的部分就出现在该网页上。Wiki 标记通常比原始HTML 简单。例如，你可以使用*字符创建一个列表项、带下划线的斜体，及诸如此类的属性，如图 8-2 所示。最重要的是，能够链接到其他网页去。

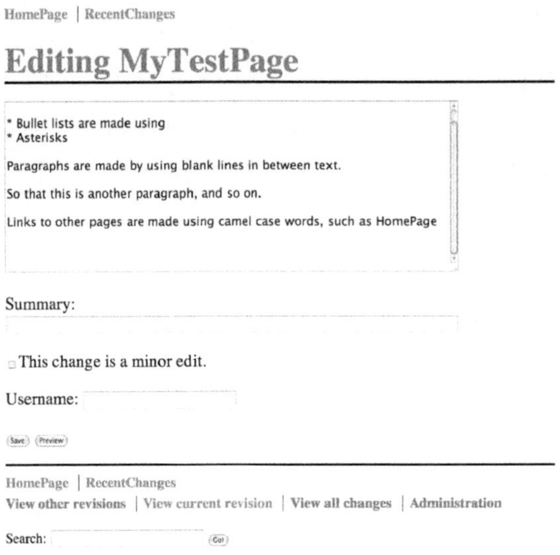

HomePage | RecentChanges

Editing MyTestPage

```
* Bullet lists are made using
* Asterisks

Paragraphs are made by using blank lines in between text.

So that this is another paragraph, and so on.

Links to other pages are made using camel case words, such as HomePage
```

Summary:

☐ This change is a minor edit.

Username:

(Save) (Preview)

HomePage | RecentChanges
View other revisions | **View current revision** | **View all changes** | **Administration**

Search: (Go!)

图 8-2　编辑 wiki 页

首先通过使用 *WikiWord* 创建一个新网页的链接。一个 WiKiWord 是由两个或两个以上单词组成（单词首字母大写，中间无空格）的。一旦你将一个 WikiWord 放置在网页上，就会自动关联到对应名字的 wiki 页面上。如果该网页尚不存在，那么在第一次点击时，你会看到一个空白页，并有机会来填写它，这使得创建新页面非常容易和顺手。

> ## 将 wiki 作为基于文本的思维导图来使用。
> **Use a wiki as a text-based mind map.**

但传统的 wiki 是基于 Web 的，而且把编辑模式和显示模式分开了。无论出于何种原因，如果你需要 wiki 是一个基于 Web 的应用程序，那么这是一个不错的主意。但是对于本节的内容来说，你可能需要在技术上稍加改变。

你可以使用采用自己喜欢的编辑器来实现的 wiki———种 wiki 编辑模式。这使你的编辑器环境中有 WikiWord 超文本链接和语法着色或高亮显示。我曾经在 vi、XEmacs和 TextMate 中使用过这种功能，效果良好。wiki 感觉就像一个文本的思维导图（讲到这里，你很可能会使用思维导图帮助明确和增强 wiki 的章节）。

我最成功的 wiki 实验是搭建一个 PDA 作为与电脑同步的 wiki。我使用的是夏普 Zaurus 系列，一种袖珍 PDA（拇指键盘，运行 Linux 操作系统）。我安装了 vi 编辑器，写了一些宏，使它可以实现超链接遍历和语法高亮等。然后，我可以使用源代码版本控制工具 CVS 同步 wiki 的文件。

其结果是，这种便携式的口袋 wiki 可以进行版本控制并与我的台式机和笔记本电脑同步。无论在哪，我都随身携带 wiki。我可以建立和增添记录，写文章或写书（包括本书），等等。

而写这本书时，我逐渐从 Zaurus 转移到 iPod Touch，它使我拥有了一个定制的基于 Ruby 的 Web 服务器，提供了一种更传统的、使用同步 wiki 数据库的、基于 Web 的 wiki。

你可能想要在你的笔记本电脑或 PDA 上做同样的事情，使你在办公室以外也可以处理 wiki。目前有许多可供选择的 wiki 应用。可登录 http://en.wikipedia.org/wiki/Personal_Wiki 查看最新的列表。

> **诀窍 41**
>
> 使用 wiki 来管理信息和知识。

这一做法的真正妙处在于，一旦有地方存储一些具体的信息，你就会注意到新的相关数据会突然从某处冒出来。这个现象类似于感官调整。例如，如果我告诉你在派对上寻找红色的东西，你会突然发现红色无处不在。同样的事情也会在新机型的车上发生。你调整了注意力，因而在你之前没有关注的地方，突然间，要寻找的事物就会出现在你面前。

利用感观调整收集更多想法。
Use sense tuning to collect more thoughts.

有了 wiki，当你有一个随意的想法后，可以把它写下来放在你的主页上，因为这时你不知道还能对它做些什么。一段时间以后，你有了第二个相关的想法，而现在你可以将这两个想法放在一起，存储在新的一页中。现在突然更多的相关想法出现了，因为你有一个地方来存放它，而你的思维也会非常乐意帮忙。

一旦你有了地方来存放某类想法，你就会得到更多这类想法。无论是 wiki 还是在纸上写的日志，也无论是便签还是鞋盒，对于特定主题领域或项目的相关想法，有一个地方来存放它们就是外部信息系统的主要优点。

例如，看看图 8-3 所示的屏幕截图。这个显示了我个人的 wiki 格式，网页的标题出现在每个页面的上方，然后是一些指向到其他 wiki 页面（如待办事项）的链接。 WikiWord 链接到相同名称的网页，以蓝色高亮显示，和通常的网页网址一样。

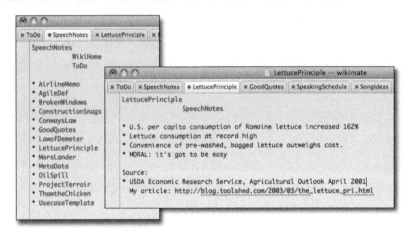

图 8-3　wiki 笔记

当我第一次找到一个关于食用莴苣的巧妙方法后，就建立了名为 LettucePrinciple 的网页。我听到一则有关妙语"解冻鸡"的笑话，我认为可能有用，所以将它记录在 ThawTheChicken 中。然后，美国宇航局由于数量单位不匹配的编程错误损失了价值 1 亿 2 千 5 百万美元的卫星，所以我在 MarsLander 中将这件事记录下来。

既然我有了这么多漂浮不定的想法，我就建了一个名为 SpeechNotes 的列表，作为演讲素材的积累。我放上了 ConwaysLaw、LawofDemeter、OilSpill 和其他已经使用过的材料，还有一些新的想法，例如 ProjectTerroir。现在 LettucePrinciple 有了归宿，有了放置类似主题的地方，所以我把它加到了列表里。我曾经在 RubyConf 做的一个有关技术改造的演讲中和博客中引用过它[①]。

列表增长到几百项，这并不好。我开始整理 wiki 并清理东西了。我制定了不同的清单，如博客帖子、即将举行的演讲、基本的故事和研究，等等。一篇文章可能参考六七篇网页，一本书的大纲可能引用 20 多个。但是 wiki 的好处不仅仅在于这样的组织性。

将一些笔记从原来的形式抄写到 wiki 中（或整理到同一个 wiki 上），这有助于大脑吸

① 参见 http://blog.toolshed.com/2003/03/the_lettuce_pri.html。

收这些资料。就如同抄写会议或课堂上的笔记，这样做提供了第二次深入接触材料的机会，并能使大脑神经更强烈地感受这些信息。

你越是接触它，越可能会发现原来你没有注意到的材料间的关系和模型。再次，你可以对一些较有意思的信息重构思维导图，以获得更深入的理解，并将其写回 wiki。

你会更积极地寻找模式。

但你需要保持对当前工作的注意力，不分心。在下一节中，我们将看到原因。

8.4　优化当前情境

情境，我们在这里指的意思是，加载到你的短期记忆里的有关你手头工作的信息集合。用计算机术语说，就是换到内存里的正在使用的页面集合。

计算机都有一种超越我们思维结构的独特优势，它们能轻松自然地交换情境。

我们的大脑不具有这样的能力。如果有事物中断我们，打破我们的工作流，或导致我们分散了注意力，那将一切思路恢复到原状是相当昂贵的。我们把"将一切思路恢复到原状"称为情境切换。我们要看看为什么你需要不惜一切代价避免这种切换，以及如何避免分心并较好地管理中断。

情境切换

你有多少可支配的注意力[①]？也就是说，当前有多少事情需要你的注意，在任何特定的时间点上你总共可以关注多少东西？该比率是相当令人伤心的。

你并不能像你想象的那样支配太多的注意力。

我们不能同时关注太多不同的东西，因为当你的注意力从一个事物转移到另一事物上时，你需要切换情境。不幸的是，我们的大脑硬件无法很好地支持情境切换。

多任务处理对生产力会造成重大损失。一项研究[②]发现，一般情况下，多任务处理将耗费你百分之二十至四十的生产力。这样，会将你的 8 小时工作日削减到 5 小时。其他的研究表明，这一数字能高达百分之五十，并伴随错误的大量增加。

---

① 参见 *Flow: The Psychology of Optimal Experience* [Csi91]。

② 参见 http://www.umich.edu/~bcalab/multitasking.html。

澄清一下，多任务处理在这里是指在不同的抽象层次上执行多个并发任务。而在同一代码区域修正几个错误不能算作多任务处理，回几个类似的电话或做多道菜也不算。当你中断代码修正而去回应无关的即时消息、电子邮件或电话时，或者快速浏览新闻网站时，你才会遇到麻烦。

需要平均 20 分钟返回到原来的工作状态。
It takes twenty minutes to reload context.

与电脑不同，我们的大脑没有"保存栈"或"重新加载栈"的操作。相反，你不得不逐一地把一切记忆拖回来。这意味着，如果你深入进行了一项任务（如调试），然后被中断，那么可能需要平均 20 分钟返回到原来的工作状态。二十分钟，考虑一下你在一天中可能会遇到多少次打断，如果每次打断都需要二十分钟时间恢复，你一天中的相当一部分时间就都白白浪费了。这就是为什么程序员一般讨厌被中断，特别是被非程序员打断。

电子邮件的组织问题

你可能已经遇到有关电子邮件的这种问题：如果你在不同的文件夹中保存各类主题的邮件，那么当有一封邮件跨越多个主题时，你将如何处理？使用分散的主题来存储，这在一段时间后就开始失效，将不再有用。在 wiki 中，你可以通过交叉链接的主题解决这个问题——它没有严格的层次结构。但是对于电子邮件，通常你只能把邮件放在一个单独的文件夹中。

相反，不将邮件保存在文件夹中似乎更好。只保留一些大的存档（按年份或者按月），并依靠一些搜索技术来找到你所需要的邮件。

如果你的电子邮件客户端支持的话，你可以使用虚拟邮箱。基于你设置的搜索标准来创建虚拟的邮箱。一封邮件可能会出现在多个虚拟邮箱中，这可以帮助你在需要时找到它。

或者，你也可以使用本地的搜索引擎。例如 Mac 上的 Spotlight 或谷歌桌面。

在当今的数字文化中，这属于被称为认知超载的一种更大的、非常危险的现象。多种压力的混合，太多的多任务处理，太多分心的事，而且经常有大量新的数据待处理。科学家认为，试图把注意力同时放在几件事情上，意味着你在每件事情上都会处理得

很差①。

如果这还不够糟糕，看看英国的一项有争议的研究：如果你持续中断正在进行的任务，去检查电子邮件或者回复即时消息，你的有效智商会下降 10 分。

相比之下，吸大麻烟卷导致下降的智商仅 4 分（见图 8-4）。

无论你做什么，请不要同时都做。

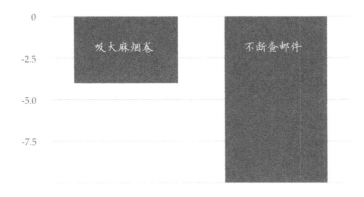

图 8-4　相应的智商损失

这使我怀疑，各家公司是否应该少关注强制性毒品检测而重视强制性的电子邮件习惯测试②。当然不只是电子邮件和毒品，司机打手机时，也不能对路面的危险作出迅速反应。电视新闻频道中充斥着不同的新闻报道，包括主屏幕、角落的小视频窗口、多个滚动显示头条新闻以及起到分割作用的商业广告。从认知科学的角度来看，这对观众绝对是一种酷刑。

鉴于我们同时处理多个事情时表现如此糟糕，并且很容易被大量其他的事情打扰，让我们来看看如何避免一些常见的干扰并坚持完成同一个任务。

避免分心

在 NPR（美国国家广播电台）的 *All Things Considered* 节目的一个片段中，Paul Ford

---

① 有很多主流媒体在讨论这个话题，如 *Life Interrupted* [Sev04]和 *Slow Down, Brave Multitasker, and Don't Read This in Traffic* [Loh07]。

② 虽然这很有意义，但这项研究的基础受到质疑，参见 http://itre.cis.upenn.edu/~myl/languagelog/archives/ 002493.html。

称赞了简洁的用户界面带来的益处①。回想一下早期基于文本的操作系统（CP/M、MS-DOS 等）上运行的早期文档处理工具 WordStar 或者 WordPerfect。那时没有窗口，没有鼠标，没有电子邮件，没有游戏。工作环境是如此地乏味，但结果是鼓舞人心的。或更确切地说，这种工作环境可以帮助你保持对当前工作的注意力。

我最喜欢的便携式写作工具之一，就是我的夏普 Zaurus。在它的生命即将走到尽头时，我去掉了它里面所有的东西，只剩 vi 编辑器。我卸掉了无线网卡，仅使用 CF 存储卡同步。此时的设备使我很少分心。事实上除了写作没有别的功能。没有游戏，没有电子邮件，没有网络——只有你写作的章节和文字。这是很艰苦的，但很有效。

主动切换

一个有助于应对这种情况的做法是更主动地进行情境切换（请注意是"主动地"）。不是简单地忽略即时消息或电子邮件，而是使它成为一个主动行为。关闭你正在做的工作。做几个深呼吸（我们一会将谈论更多呼吸的重要性和收发电子邮件的技巧）。对这项新活动提起好奇心和兴趣，全神贯注地处理它。

在功能更全的系统中，你可以运行一个专门的应用程序来隐藏目前使用的程序之外的所有程序。例如，在 Mac 上可以使用 Think!②屏蔽焦点以外的所有程序，或者是 DeskTopple③，它可以隐藏你的桌面图标，替换你的墙纸，并定时自动隐藏应用程序的窗口。

单任务界面

在 Mac OS X 中，你可以使用 QuickSilver 工具来设置一些基于按键的快捷命令。它使我想起在那些早期系统中存在的终止-驻留式程序 SideKick。

例如，我做了一些定制，只需几个按键我就可以给地址簿中的人发送一个一句话邮件。表面上看来，这似乎没什么大不了的。但是，能够不访问邮箱就发送电子邮件是一个巨大的优势。

比如你正在处理某项工作，突然想到必须要发送一封电子邮件给某人。也许你正在调试程序，并且意识到将会在午餐约会中迟到。你按下几个键，发送邮件，然后再回到调试。

---

① 参见 Paul Ford 的 "Distracted No More: Going Back to Basics" *All Things Considered*，2005 年 11 月 23 日。

② 参见 http://freeverse.com/apps/app/?id=7013。

③ 参见 http://foggynoggin.com/desktopple。

现在将这件事与通常的经历作一下比较。

你正在调试，并且意识到必须发送一封电子邮件。你的情境切换到邮件处理程序上，把它打开，开始发送邮件，同时发现了收件箱中多了几封新邮件，这时干扰就出现了。你将会很快被新的邮件吸引，并失去了调试的思路。情境破坏了。

同样，我配置了 QuickSilver，只需几个按键就可以在我的待办事项清单中添加一行。否则，你会面对与发送电子邮件同样的风险。你必须把情境切换到待办事项清单，一旦输入新条目，就会看到所有其他需要做的事情，并再次分心。

你可以在 Linux 下做同样的事情，通过打开一个小终端窗口，利用 shell 脚本添加到待办事项清单中。

当你有一个想法时，最好把它放在适合的地方，无论是待办事项清单还是电子邮件，然后回到你正在做的事情上。

有效地组织和处理任务

既然是在谈论如何规范注意力接口和工作习惯，我们不得不讨论一下 GTD。

大卫·艾伦（David Allen）的《尽管去做：无压力工作的艺术》（*Getting Things Done: The Art of Stress-Free Productivity*）[All02]，简称 GTD，是一个非常受欢迎的图书/方法/信仰，旨在帮助你组织、排序并有效地完成工作。

他提供了一种方法论和大量的技巧和窍门（以前谁知道标签会如此地有趣呢），来帮助你更有效地处理工作。

从我们谈论的角度看，艾伦提出了三个要点。前两点都与处理电子邮件或其他类似收件箱有关，最后是一个更通用的要点。

(1) 仅扫描输入队列一次　不管你正处理的输入队列是什么，无论是在电子邮件收件箱中，还是在语音邮件或文件的收件箱中，都不要使用送达箱作为存储设备。检查邮件并对新邮件作必要的分类，但不要总是重新查看已存在队列中的邮件。如果某些邮件可以在两分钟内搞定，那就处理它，或者可能的话完全把它转交给别人做（又名委托）。不断地回顾相同的 1000 封邮件，并处理其中最不重要的 20 封，只会浪费你的时间和精力。

(2) 顺序地处理每组工作　一旦你选择一组工作，就要持续进行，避免情境切换。正如我们前面看到的，切换到另一个工作将破坏你的精神堆栈，当你返回到之前的工作时会损失更多的时间。我们程序员极易被小事情干扰。坚持做你正处理的工作。

(3) **不要在头脑中保留清单** 艾伦提出另一个重要方面——维护外部信息处理系统。动态刷新头脑中的清单是相当昂贵的。相反，应该在外部信息系统中保持待办事项清单，例如，在记事贴上、在 wiki 中、在日历上或专门的工作清单工具中，或在其他类似的东西中。

GTD 方法有很多的拥护者，如果有效地优化排序和组织任务正是你的烦恼所在，那么 GTD 可能很有帮助。

8.5 积极地管理干扰

然而，即使是最有条理的待办事项清单和每日计划，也都无法避免被干扰。每个人都会受到干扰，但如今我们受到的干扰比以往任何时候都多。

网络提供了各种各样的干扰。一切，从日常的垃圾邮件到 YouTube 上如何制作造雪机的视频、网站上有关选举舞弊和政治欺骗的讨论（如图 8-5 所示）、最亲密朋友发来的即时消息、Wikipedia 上的新文章——所有的一切都在那里吸引和分散你的注意力。

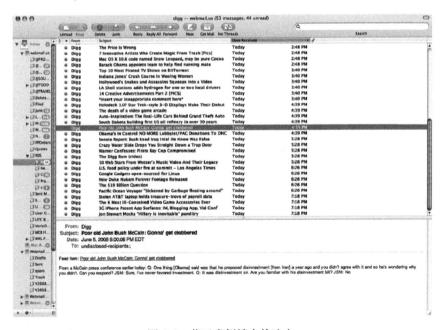

图 8-5 若干类似消息的迷宫

下面是一些建议，帮助你减少来自你的团队、你的通信渠道以及你自己的干扰。

制定项目交流规则

什么时候比较合适回绝你的同事问你问题、请求你帮助追踪程序错误或要求一次临时的代码审查？他们什么时候可以打断你？你的经理有紧急事件找你该怎么办？

这些都是正当的问题，最好的管理方式是在项目开始之前准备好答案。规定一天里不能被打扰的工作时间段。设定其他时间段，用于交流、每日的站立会议[①]，以及各种各样意想不到的事情。

> **没有常胜将军**
>
> 不是每天都是富有成效的一天。如果事件变得混乱，接受事实并意识到你不会进入最佳状态，这样可能会更有效。首先处理紧急状况，然后在办公室享受比萨饼，并期望有一个更美好的明天。

也许你在每天早晨或傍晚是最清醒的。不管怎样，至少你在一天中的某段时间里是最有效率的。我在团队里听说有人曾搞了"无邮件下午"或"无邮件日"，没有电子邮件，没有电话，没有打扰。开发人员称其为一周里最有效率的、最快乐的时间。

> **诀窍 42**
>
> 制定交流规则来管理干扰。

因此，在项目的早期为你的团队建立交互规则（实际上是打断的规则）。

放缓电子邮件

但并非每个人都遵守规则。你附近的同事将遵守你设定的规则，可是外地办公室里的同事呢？还有其他所有你要打交道的人呢——来自其他公司的人、客户，以及茫茫人海中那些在电子邮件、即时消息或电话另一端的人？

你不能让整个世界都依照你自己的时间表来运转。

或者你真能做到？

[①] 参见《高效程序员的 45 个习惯：敏捷开发修炼之道》[SH06]。（此书中文版已由人民邮电出版社出版。——编者注）

小心邮件造成呼吸暂停

在 2008 年 2 月，Linda Stone 创造了 "电子邮件暂停呼吸"（email apnea）这个词语。一天早晨，她发现，"我打开我的电子邮件，并没有什么不寻常的，就是每日常见的大量时间表、项目、出差、信息和垃圾邮件。然后我发现……我没有了呼吸。"

电子邮件暂停呼吸：在处理电子邮件时，呼吸短暂中止或变得很微弱*。

浅呼吸，或完全摒住呼吸，不仅仅是不舒服，如果不能正常有力地呼吸，那么可能严重损害你的健康。糟糕的呼吸会引起与压力有关的疾病，引起部分紧张反应，阻碍葡萄糖进入你的血液，并有许多其他不幸的后果。

这些来自邮件的预期压力是否会影响你的呼吸？当一个程序崩溃或跟踪调试时呢？或任何其他电脑的常见状况发生时呢？

如果你发现这些会影响呼吸，每次发生时休息一下，做个深呼吸。

───────────────
* 参见 http://www.huffingtonpost.com/linda-stone/just-breathe-building-th_b_85651.html。

你在处理电子邮件方面比自己想象的更有控制力，这取决于你查看和回复电子邮件的频率。下面是一些尝试：在一天中限定具体的、预定的时间来处理电子邮件——但可能不是每天的第一件事。设定一个时间，查看并对电子邮件排序，并且设定它的时间。在设定时间后进入真正的工作。这可能是一个很难遵守的纪律，但我有一些诀窍可以帮助你。

第一步，设置你的电子邮件通知。提示邮件的图标是不可抵抗的，它吸引你去点击。反反复复的 "你有封信" 的提示音也是如此。如果可以的话，把它们全部关闭。最低限度，只对重要的信息播放声音，比如来自你的家人或老板的邮件。

第二步，加大检查邮件的间隔。不要每分钟都检查邮件，或者就像实验室老鼠一样坐在那里不断点击收取邮件的按钮，以获取食物奖励①。

下一步，请注意设定期望的答复速度和电子邮件的数量。请记住这个电子邮件的黄金规则：

───────────────
① 事实上，一些研究表明这种看法并不过分。不论是一个小球还是一封邮件，你都会持续地点击按钮。这称为间歇性变化奖励增强，我们落入了陷阱，就像鸽子和实验室老鼠一样。

> **诀窍 43**
>
> 少发送邮件，你就会少收到邮件。

除此之外，请记住你掌控着节奏，你可以控制整个进度。

> **诀窍 44**
>
> 为邮件通信选择你自己的进度。

你对电子邮件回复的速度设定了交流的进度。这就是说，你答复得越快，未来别人对你的答复期望也越高。发送的邮件越少，频率越低，你就把疯狂的速度下降至一个较为合理的水平。

最后，最好的建议是对电子邮件眼不见心不烦。在不使用时退出电子邮件客户端。

情境友好的休息

你一直在持续努力地工作，你觉得越来越困难，或烦恼，或只是需要休息一下。你有几个选择。

你可以远离电脑，在一张空白纸上随手涂鸦。不过这是一种低层次的分心。你可以去散步，只要你没有遇到任何人，不会再开始交流，然后就随意地走走，保持对情境友好的状态。

或者你可以看看 CNN、Digg 或 Slashdot 等网站的首页上有什么新闻。这是一个明显的分心。或者更糟的是，你可以检查电子邮件。现在我可以保证你已经失去了工作的思路，如果今天你还有机会回到工作中的话，至少要花费二十到三十分钟的恢复时间，期间也没有生产效力。

提高进出情境的成本。
Make the cost obvious.

保持情境的一个办法是提高进出情境的物理成本，有助于提醒你隐藏的精神成本。例如，如果你可以很轻易地打开和关闭笔记本电脑，那么你将不断地进出情境。但是，如果离开你的环境然后再回来时感到痛苦，也许你会少受诱惑。

我的办公室就设定成这样，有很多灯的开关，我到处走，并打开这些开关。我在工作时会花几分钟挑选一些有趣的音乐听。投入了体力，设置好一切，并让自己适应后，我不太可能为一些突发奇想跳起来，把一切关闭，离开，再回来，重复做这一切。一旦我设置好，我会持续工作一段时间。

笔记本电脑以同样的方式工作，如果我只是使用电池打开它几分钟，我可能不会长期呆在那里。如果我用上电源线、笔记本电脑冷却垫，等等，我已经作出了更多的投入。当然这不是很多，但它确实有助于提醒我进入和退出情境的成本。

启用可屏蔽中断

在 CPU 的概念中，中断有两种：可屏蔽的和不可屏蔽的。可屏蔽的中断可以被忽略。这种分类正是我们要模仿的。

诀窍 45

屏蔽中断来保持注意力。

手机配有语音信箱和免打扰（DND）的按钮也是这个原因。自从 1935 年起，人们就可以让电话转给语音信箱（或答录机），这当然是出于善意。

即时消息遵循同样的道理——如果繁忙就不做回答。当你准备好时再给他们回电话，这样你就不会失去你辛辛苦苦搭建好的所有情境。

调试代码的时候，在你的办公隔间上贴上标签，或者关上门（如果有的话）。

保存情境堆栈

如果你认为将要被打扰时，可以做的最好事情就是为被打断做准备。科学领域对任务中断和恢复的研究中有许多有趣的地方。这里存在两个有趣的时间段：中断间隔和恢复间隔。

为打断做好准备。
Prepare to be interrupted.

一旦你开始做一项任务，你就会持续下去直到被打断。这是提醒你需要马上开始另一个任务。在提醒和下个任务开始之间的时间就是打断间隔。现在你开始做新任务，一段时间之后切换到最初的任务上。你恢复之前速度所花费的时间就是恢复间隔。

当提醒首次出现时，你知道自己被打断了。在打断起效之前，在你接电话或者回应门外的人之前，你有宝贵的几秒钟时间。在这段时间里，你需要为自己留下一些"面包屑"。也就是说，你要留下线索，以便在你返回这项任务时能够继续前进。

例如，假设我在写一封电子邮件或者文章，正表达某些想法时，被打断了。我很快写下几个单词——不是完整的句子——只是提醒我自己当前的想法。这似乎很有用，关于这种线索准备的主题已经有很多研究成果了[①]。

此外，如果你认为可能在任何时刻被打断，那么你可以开始养成一种经常为自己留下小线索的习惯。

8.6 保持足够大的情境

在情境中保持的信息越多越好。就我个人而言，我会在办公桌上下堆满了东西。我称之为情境，清洁人员称之为"垃圾"。

但是"眼不见"通常意味着"发狂"。我希望我工作相关的东西触手可得——在我的思维工作集里，在桌子上，我的东西一目了然。

> **让你的生产力提升 20%～30%。**
> **Get an instant productivity gain of 20 to 30 percent.**

事实上，保持情境中任务相关的东西很有益处。不论你如何衡量生产力，仅仅多使用一台显示器就可以让你的生产力提升 20%~30%[②]。

这是为什么？

适合你的不是桌面隐喻，而是 Frederick Brooks 在几年前描述的拥挤的飞机座位隐喻。在一个大桌面上，你可以展开你的工作，看到你在做什么——同时看到所有的。在拥挤的飞机座位上，你没有足够的空间同时看两份以上的文档（或者文档的一部分）。你必须来回地切换文档。

我敢打赌，让你去 Staples 或者 Office Depot 等办公用品店寻找一张 17 英寸的办公桌，你找不到，因为这个尺寸实在是太小了。然而，大多数显示器都是 17 到 21 英寸。这

---

① 参见 *Preparing to Resume an Interrupted Task: Effects of Prospective Goal Encoding and Retrospective Rehearsal* [TABM03]和 *Task Interruption: Resumption Lag and the Role of Cues* [AT04]。

② 根据 Jon Peddie 的一项研究调查，"不论你如何衡量生产力，研究成果数、消失的宇宙飞船数还是写作的文章数"，都是如此。引自 *The Virtues of a Second Screen* [Ber06]。

点空间就是我们办公的地方。你不得不在活动窗口和应用程序之间切换，因为你无法在如此小的空间里保持足够的情境。

你知道 Alt-Tab 组合键（Mac 上的 Command-Tab）称为什么吗?情境切换。正如我们看到的，情景切换扼杀生产力。即使是类似使用 Alt-Tab 切换不同窗口的小动作也会花费时间、短期记忆力和精力。

> **任务与主题**
>
> 想一想你写的应用程序。你是按照任务还是按照主题来组织用户界面和组织结构的？如果你按照任务重新组织用户界面会怎么样？你的用户会非常高兴吗？

 有很多任务我可以在笔记本上完成，但是还有一些任务需要使用两台 23 英寸的显示器。两台显示器必须是同样型号和品牌的，你不希望因为重新定位到较小的显示器或者适应不同的色差而分心。

诀窍 46

使用多台显示器来避免情境切换。

保持任务注意力

人们在有了更多显示器之后，很容易就会打开无数的应用程序，最终又一次迷失在混乱中。

在最先进的操作系统上你可以使用虚拟桌面切换器，允许你拥有很多不同的屏幕，你可以使用特殊键随意切换。每一个屏幕都是独立的，称为工作空间。秘诀在于你如何在工作空间中分配应用。

> **使用虚拟桌面。**
> Use virtual desktops.

起初，我通过应用程序组织工作空间：所有的浏览器窗口在一个空间中，所有终端窗口在另一空间中，等等。当我意识到这种分配方式造成了比以往更多的切换时，我于是根据任务重新组织。

下面这个例子介绍的是我通常如何安排工作空间的（见图 8-6）。

图 8-6　MAC OS X 工作空间

通信　我将这个工作空间用于所有的通信、日程规划或者计划相关的任务，包括下面这些窗口。因为已经包含了最具破坏性的程序，我努力不把这些放到其他空间里。

❑　电子邮件

❑　待办事项清单

❑　聊天

❑　日历

❑　项目状态表——当前的人员状态、订单生产日程，等等。

写作　当我写作时，我不想被电子邮件等打扰，所以我在这个空间只放置写作工具。

❑　编辑器

❑　词典

❑　图编辑器

❑　Acrobat Reader（用于校对）

编程　想法和写作一样，只是工具不同。该空间通常有很多终端窗口，只是长宽比不同：

❑　正常比例的

- ❑ 高度正常，宽度大的
- ❑ 宽度正常，高度大的

保持这些窗口开着会节省时间，当你需要时，随手可得。本工作空间的内容因你使用的编程语言和环境而不同，但是你起码得有代码编辑器或者集成开发环境，也许还有单元测试图像化界面、针对不同应用或者相关文档的不同浏览器窗口、终端窗口显示日志、make 或者 ant 过程，等等。

上网 我有一个工作空间用于上网（或称之为"研究"），包括所有辅助程序。

- ❑ 浏览器窗口
- ❑ Acrobat、QuickTime、RealPlayer 等。

音乐 当然，我们的生活不全是工作。在你写代码、回信的时候需要一些音乐。

音乐控制应该是透明的，当电话铃响起或者有人进来时，你需要立即调节音量，按下播放/暂停，等等。一些键盘现在具有内建的音乐控制，或者你可以设置热键。

有时我使用外部控制装置（专门的按钮替代了 Ctrl-Alt-Shift-Meta-F13，简直是太方便了）来暂停。你也可以使用 MacBook 遥控器。

这里也是存放我所有音乐爱好程序的地方。这样的话，它们不会直接出现在我的面前引诱我不工作，但是我一旦有空闲时间就会享受音乐。如果你喜欢游戏，那么这里就是你存放游戏的地方。

诀窍 47

优化你的个人工作流以最大化情境。

8.7 如何保持注意力

在本章中，我们围绕如何集中注意力研究了很多问题。我鼓励你把冥想作为保持思维敏锐和清晰的工具，我们讨论了外部信息处理系统的优点，警示了分心的危害。

那么，如何才能保持注意力集中？最重要的是自我意识——记住你需要集中注意力做什么。我们大脑的默认设置不利于编程和知识型工作。

如果没有别的了，记住下面三件事情。

(1) 学会安抚喋喋不休的 L 型思维。

(2) 主动在前进中思考和增强思想，即使是不成熟的。

(3) 明确情境切换的昂贵代价，尽可能地避免。

如果你开始尝试解决这些领域的问题，就会逐渐善于管理自己的活动中心，并控制自己的注意力。

实践单元

❑ 想一想日常让你分心的事情。有没有办法组织一下，从而无需额外的分心就可以搞定它们？

❑ 想清楚你何时编码最有效率，在那段时间要减少分心的事情。

❑ 跟踪"拖延"与"思考"时间，不要混淆。

❑ 你有多容易被拉走或者主动拉走自己——从工作中？为了更易于集中注意力，你能使自己难以被拉走吗？

❑ 观察团队里的专家，看看他们是如何避免分心的。

第 9 章　超越专家

真正的发现之旅不在于追求新大陆，而在于拥有新的视野。

——马塞尔·普鲁斯特（Marcel Proust，1871.7.10—1922.11.18），法国
20 世纪最伟大的小说家，意识流小说的先驱与大师

感谢你读完这本书。过去几年中，有一些人已经在各种演讲等场合听到类似的内容。在本书提到的种种领域，我不认为自己是专家，但是如果我坚持研究一段时间，我的能力就不仅仅是胜任了。

那么，现在该怎么做？

你已经读过了我的各种意见和见解，看到了一些好主意，可能也会有些困惑，但是我希望你得到了"新的视野"，并且有了计划的雏形，想好准备下一步做什么。但是就像我们在本书看到的所有事情一样，你需要主动解决这个问题。因此，让我提一些帮助你改变的建议，研究一下从哪里开始，最后，看一看专家之上的东西。

9.1　有效的改变

当你决心改变时，大脑并不是一定会与我们合作。虽然你有学习的意愿，但你的大脑一直在努力保持事情精简。就像一位过度积极的管家，如果大脑认为这项改变不值得付出感情、无关生死存亡，它就会轻视，就像我们之前提到的早上开车上班的例子。因此，你必须说服你的大脑，这项改变非常重要。你必须关心这件事情。现在请你注意……

改变总是比看起来要困难得多——这是一个事实，而不仅仅是忠告。根深蒂固的老习惯在大脑中形成了一条神经高速公路，而且不会主动消失。你可以在旁边建立新的神

经高速公路，走不同的路线，抄近道，但是过去的高速公路仍然存在。它们总是在那里等你回来，重新依赖它们。实践可能不会十全十美，但是却可以保持长久。

> **实践保持长久。**
> *Practice makes permanent.*

请记住老习惯依然存在，如果你又回到了以前的某个习惯，不要太责怪自己。大脑就是这样工作的。只要承认失误即可，按照新的想法继续前进。当然老习惯肯定会再次发生，但是要意识到它的出现，并重新回到正确的道路上去。不论是要改变学习习惯，戒烟还是减肥，都是一样的道理。

关于改变的话题，不论是个人的还是组织的，都非常庞大和复杂①。改变虽然非常困难，但是它最终会屈服于持久的坚持。下面是一些帮助你管理有效改变的建议。

制定计划

制定一段时间的计划，然后努力实现。跟踪你的进展，当你感觉做得不够时重新审视你的成果。你可能进步得比你所想的还要远。这是一个使用外部信息处理系统的好机会：用日记、wiki 或者 web 应用来跟踪你的进展。

"不作为"是敌人，而"错误"不是

请记住危险不在于做了错事，而在于根本没去做事情。不要害怕犯错误。

给新习惯适应的时间

在一种新行为变成习惯之前通常需要至少三周的时间，或许更长。给它足够的机会。

信念是真实的

正如我们一直所看到的，你的想法的确会改变大脑的机制和化学物质。你必须相信这种改变是可能的。如果你认为自己会失败，你的预感就会实现。

采取步步为营的细小步骤

开始时目标设低一些。当你实现时奖励自己一下，再设立下一个小步骤。一步一个脚印，脑子里记住你的最终目标，但不要试图把所有步骤都想明白。只关注下一步，一旦你到达这一步，再继续为实现下一个目标而努力。

---

① 参见 *Fearless Change: Patterns for Introducing New Ideas* [MR05]。

9.2 明天上午做什么

对于新的尝试，都会有一定惯性阻碍它。如果我处于静止状态，我会倾向于保持当前状态。转向新的方向意味着我必须克服惯性的阻力。

> 不管你能做什么，或者期望自己能做什么，现在就开始做。勇敢可以给人
> 智慧、力量和神奇。现在就开始做吧。
>
> ——歌德

现在就开始吧！你选择开始做什么并不特别重要，重要的是主动尝试本书中提到的知识，这是你明天一大早要做的第一件事。

下面是对第一步的一些建议。

- ❑ 开始承担责任，不要害怕问"为什么"，也不要害怕问"你怎么知道的"或者"我怎么知道的"，同样要大方地回答"我目前还不知道"。
- ❑ 挑两件帮助你维持情境、免受干扰的事情，立即实施。
- ❑ 创建一个实用投资计划，设定 SMART 目标。
- ❑ 弄清楚你在所属专业领域中所处的位置（从新手到专家）和你期望的位置。保证诚实。你需要更多的诀窍还是更多的情境？更多规则还是更多直觉？
- ❑ 实践。某段代码遇到问题了吗？尝试用五种不同的方式编写。
- ❑ 允许犯更多错误——错误是许可的，要从中学习教训。
- ❑ 携带一个笔记本（最好不带横线）。涂鸦，做思维导图，记笔记。让你的思想自由地流动。
- ❑ 打开心扉接收美感和其他的感官输入。不论是你的房间、桌面还是代码，关注它们是多么地赏心悦目。
- ❑ 开始在私人 wiki 上记录你感兴趣的事情。
- ❑ 开始写博客。为你读过的书写评论①。阅读更多书，你会有更多可写的东西。使用 SQ3R 和思维导图。
- ❑ 让散步成为你每天生活的一部分。
- ❑ 启动一个读书小组。
- ❑ 再拿一个显示器，开始使用虚拟桌面。
- ❑ 回顾每章的"实践单元"，尝试去做。

---

① 当然，如果你能写本书的评论我将非常感谢，请使用以下链接：http://pragprog.com/titles/ahptl。

我只是蜻蜓点水似地介绍了各种有趣的主题，研究人员总是在发现新事物，驳斥旧想法。如果我在这里建议的事情对你都没有用，也不必担心，继续前进。还有很多可以尝试的事情。

9.3　超越专家

最后，在我们讨论了技能并变得更加专业之后，比专家更高的境界还有什么？看似一个奇怪的循环，在你变成专家之后，你最想追求的事情是……新手的思维。

> 新手的大脑有很多可能性，但是专家心里只有很少。

——铃木俊隆禅师

对于专家来说最致命的弱点是像专家一样行动。一旦你相信自己的专业水平，你就会对其他的可能性视而不见。你停止了好奇心。你可能开始抵制所属领域的改变，担心在你花费了很多努力才得以精通的主题上失去权威。你自己的判断和看法不再支持你，而是囚禁你。

这些年来我看到很多这样的例子。人们在某些语言上投入很大，比如 Java 或者 C++①。他们取得了认证，并且背诵了摞起来四五米厚的有关 API 和工具的书籍。然后，一些新的编程语言出现，让他们写更简洁、更直观的代码，更彻底的测试，更容易实现的并发，等等。但是他们完全拒绝这些新语言。他们会花费更多精力来讽刺新语言而不是严肃地评估对它们的需求。

这不是你想成为的那种专家。

相反，要总是保持一个新手的头脑。你需要像小孩一样拥有无穷的好奇心，充满问题和惊讶。可能这种新编程语言真的很酷。或者另一种更新的语言是这样。或许我可以从这门新的面向对象的操作系统中学到知识，即使我从未准备用它。

处理学习方面的事情，不要先入为主，不要存在事先的判断或者固定的看法。要像小孩子一样看待事物的真实面貌。

哇，这很酷。我想知道它到底是怎么工作的？它是什么？

意识到你对新技术、新想法或者其他你不知道的事物的反应。自我意识是成为专家的

---

① C语言程序员一直固守阵地。

关键——但是如果过度了，就会陷入"老习惯"问题。

认识你自己，认识当前时刻，认识你所处的情境。
Be aware.

认识你自己，认识当前时刻，认识你所处的情境。我认为失败的最大原因就是我们往往让事情自由发展。除非我们意识到一些新的属性，否则我们就会过时了。达芬奇在600年前抱怨说："人们看却没有看见，听却没有听见，吃却没有味觉，接触却没有触觉，说话却没有思考。"我们一直在这样做：我们嘲笑快餐却并没有认真品尝它，我们听用户或者赞助商告诉我们他们在产品中到底想要什么，但是我们没有听到。我们看却没有看见。我们以为我们已经知道了。

在小说《戴珍珠耳环的少女》（*The Girl with the Pearl Earring*）中，作者描写了一个画家维梅尔，还有他的女佣启发他画出了最有名的一部作品的故事。故事中，维梅尔准备教女孩画画。他让女孩描述一位年轻姑娘的穿着。女孩回答说是黄色的。维梅尔假装很惊讶：是真的吗？女孩又看了一遍，更仔细一点，然后说，有一些褐色的斑点。这就是你看到的全部吗？维梅尔问道。现在女孩更加仔细地研究。不，她说，它有绿色和褐色的斑点，边缘有一点银色，衣服下方一点黑色斑点，衣服的褶皱处有一些暗黄色斑点，等等。

当女孩第一次看衣服时，只是简单地说"黄色"。维梅尔鼓励女孩像他一样看待世界：充满了复杂和丰富的细节。这是我们都在面对的挑战——完全看清世界，不断看清世界，和我们自己。

> 自由的代价是永远提高警惕。
>
> ——约翰·菲尔波特·柯伦的名言，1790 年

永远提高警惕不仅是自由的代价，也是意识的代价。一旦你启动自动驾驶，你就不会转向了。或许在长途笔直的高速公路上是可以的，但是生活往往类似于通往夏威夷毛伊岛哈纳的弯曲、狭窄的道路。你需要不断重新评估你自己和你的条件，否则习惯和过去的智慧会让你看不到眼前的现实。

诀窍 48

抓住方向盘，你不能自动驾驶。

大胆前进并且抓住方向盘。你有所需的一切：和爱因斯坦、杰斐逊、庞加莱或者莎士比亚一样的大脑。相比历史上的任何时刻，你随处可得更多的事实、想象和观点。

祝你好运，请让我知道你的进展。

我的电子邮件地址是 andy@pragprog.com。告诉我哪些知识对你非常有用，哪些没有效果。告诉我你的新博客或者你启动的开源项目。把你的思维导图扫描一下发给我。在论坛 forums.pragprog.com 上发帖子。这只是个开始。

谢谢大家。

附录 A 图片授权

Unix 巫师，1977 年，Michael C.Hunt。

图 4-2，2007 年，Michael C.Hunt。

庞加莱肖像，摘自维基百科，版权公有。

图 4-4，© Karol Gray，得到了复制许可。

刻在大理石上的迷径图片，© Don Joski，得到了复制许可。

羊浸照片，© 1951 C.Goodwin，得到了 Creative Commons Attribution 3.0 小组惠允。

PocketMod 屏幕截图，得到了 Chad Adams 惠允复制。

铅笔画均为作者本人所画。

除了加说明的图片，其余图片使用均得到 iStock Photo.com 惠允。

附录 B 参考文献

[AIT99]   F. G. Ashby, A. M. Isen, and A. U. Turken. A neuropsychological theory of positive affect and its influence on cognition. *Psychological Review*, (106):529–550, 1999.

[All02]   David Allen. *Getting Things Done: The Art of Stress-Free Productivity*. Simon and Schuster, New York, 2002.

[Ari08]   Dan Ariely. *Predictably Irrational: The Hidden Forces That Shape Our Decisions*. HarperCollins, New York, 2008.

[AT04]   Erik M. Altmann and J. Gregory Trafton. Task interruption: Resumption lag and the role of cues. *Proceedings of the 26th Annual Conference of the Cognitive Science Society*, 2004.

[BB96]   Tony Buzan and Barry Buzan. *The Mind Map Book: How to Use Radiant Thinking to Maximize Your Brain's Untapped Potential*. Plume, New York, 1996.

[Bec00]   Kent Beck. *Extreme Programming Explained: Embrace Change*. Addison-Wesley, Reading, MA, 2000.

[Bei91]   Paul C. Beisenherz. Explore, invent, and apply. *Science and Children*, 28(4):30–32, Jan 1991.

[Ben01]   Patricia Benner. *From Novice to Expert: Excellence and Power in Clinical Nursing Practice*. Prentice Hall, Englewood Cliffs, NJ, commemorative edition, 2001.

[Ber96]   Albert J. Bernstein. *Dinosaur Brains: Dealing with All Those Impossible People at Work*. Ballantine Books, New York, 1996.

[Ber06]   Ivan Berger. The virtues of a second screen. *New York Times*, April 20 2006.

[Bre97]   Bill Breen. The 6 myths of creativity. *Fast Company*, Dec 19 1997.

[Bro86]   Frederick Brooks. No silver bullet—essence and accident in software engineering. *Proceedings of the IFIP Tenth World Computing Conference*, 1986.

[BS85]   Benjamin Samuel Bloom and Lauren A. Sosniak. *Developing Talent in Young People*. Ballantine Books, New York, 1st edition, 1985.

[BW90]   H. Black and A. Wolf. Knowledge and competence: Current issues in education and training. *Careers and Occupational Information Centre*, 1990.

[Cam02]   Julia Cameron. *The Artist's Way*. Tarcher, New York, 2002.

[CAS06]   Mark M. Churchland, Afsheen Afshar, and Krishna V. Shenoy. A central source of movement variability. *Neuron*, 52:1085–1096, Dec 2006.

[Cia01]   Robert B. Cialdini. *Influence: Science and Practice*. Allyn and Bacon, Boston, MA, 4th ed edition, 2001.

[Cla00]   Guy Claxton. *Hare Brain, Tortoise Mind: How Intelligence Increases When You Think Less*. Harper Perennial, New York, 2000.

[Cla04]   Mike Clark. *Pragmatic Project Automation. How to Build, Deploy, and Monitor Java Applications*. The Pragmatic Programmers, LLC, Raleigh, NC, and Dallas, TX, 2004.

[Con01]   Hans Conkel. *How to Open Locks with Improvised Tools*. Level Four, Reno, NV, 2001.

[Csi91]   Mihaly Csikszentmihalyi. *Flow: The Psychology of Optimal Experience*. Harper Perennial, New York, NY, 1991.

[Dan94]   M. Danesi. The neuroscientific perspective in second language acquisition research. *International Review of Applied Linguistics*, (22):201–228, 1994.

[DB72]   Edward De Bono. *PO: a Device for Successful Thinking*. Simon and Schuster, New York, 1972.

[DB73]   J. M. Darley and C. D. Batson. From jerusalem to jericho: A study of situational and dispositional variables in helping behavior. *Journal of Personality and Social Psychology*, (27):100–108, 1973.

[DD79]   Hubert Dreyfus and Stuart Dreyfus. The scope, limits, and training implications of three models of aircraft pilot emergency response behavior. *Unpublished*, 1979.

[DD86]   Hubert Dreyfus and Stuart Dreyfus. *Mind Over Machine: The Power of Human Intuition and Expertise in the Era of the Computer*. Free Press, New York, 1986.

[Den93]   Daniel C. Dennett. *Consciousness Explained*. Penguin Books Ltd, New York, NY, 1993.

[Doi07]   Norman Doidge. *The Brain That Changes Itself: Stories of Personal Triumph from the Frontiers of Brain Science*. Viking, New York, 2007.

[Dru54]   Peter F. Drucker. *The Practice of Management*. Perennial Library, New York, 1st perennial library ed edition, 1954.

[DSZ07]   Rosemary D'Alesio, Maureen T. Scalia, and Renee Zabel. Improving vocabulary acquisition with multisensory instruction. Master's thesis, Saint Xavier University, Chicago, 2007.

[Dwe08]   Carol S. Dweck. *Mindset: The New Psychology of Success*. Ballantine Books, New York, 2008 ballantine books trade pbk. ed edition, 2008.

[Edw01]   Betty Edwards. *The New Drawing on the Right Side of the Brain*. HarperCollins, New York, 2001.

[FCF07]   Fitzsimons, Chartrand, and Fitzsimons. Automatic effects of brand exposure on motivated behavior: How apple makes you "think different". http://faculty. fuqua.duke.edu/%7Egavan/GJF_articles/brand_exposure_JCR_inpress.pdf, 2007.

[Fow05]   Chad Fowler. *My Job Went To India: 52 Ways to Save Your Job*. The Pragmatic Programmers, LLC, Raleigh, NC, and Dallas, TX, 2005.

[Gal97]   W. Timothy Gallwey. *The Inner Game of Tennis*. Random House, New York, rev. ed edition, 1997.

[Gar93]   Howard Gardner. *Frames of Mind: The Theory of Multiple Intelligences*. BasicBooks, New York, NY, 10th anniversary ed edition, 1993.

[GG86]   Barry Green and W. Timothy Gallwey. *The Inner Game of Music*. Anchor Press/Doubleday, Garden City, NY, 1st edition, 1986.

[GHJV95]   Erich Gamma, Richard Helm, Ralph Johnson, and John Vlissides. *Design Patterns: Elements of Reusable ObjectOriented Software*. Addison-Wesley, Reading, MA, 1995.

[GP81]   William J. J. Gordon and Tony Poze. Conscious/ subconscious interaction in a creative act. *The Journal of Creative Behavior*, 15(1), 1981.

[Gra04]   Paul Graham. *Hackers and Painters: Big Ideas from the Computer Age*. O'Reilly & Associates, Inc, Sebastopol, CA, 2004.

[Haw04]   Jeff Hawkins. *On Intelligence*. Times Books, New York, 2004.

[Hay81]   John R. Hayes. *The Complete Problem Solver*. Franklin Institute Press, Philadelphia, Pa., 1981.

[HCR94]   Elaine Hatfield, John T. Cacioppo, and Richard L. Rapson. *Emotional Contagion*. Cambridge University Press, Cambridge, 1994.

[HS97]   J. T. Hackos and D. M. Stevens. *Standards for Online Communication*. John Wiley and Sons, Inc., New York, 1997.

[HS07]   Neil Howe and William Strauss. The next 20 years: How customer and workforce attitudes will evolve. *Harvard Business Review*, July 2007.

[HT00]   Andrew Hunt and David Thomas. *The Pragmatic Programmer: From Journeyman to Master*. Addison-Wesley, Reading, MA, 2000.

[HT03]   Andrew Hunt and David Thomas. *Pragmatic Unit Testing In Java with JUnit*. The Pragmatic Programmers, LLC, Raleigh, NC, and Dallas, TX, 2003.

[HT04]   Andrew Hunt and David Thomas. Imaginate. *Software Construction*, 21(5):96–97, Sep-Oct 2004.

[HwMH06] Andrew Hunt and David Thomas with Matt Hargett. *Pragmatic Unit Testing In C# with NUnit, 2nd Ed.* The Pragmatic Programmers, LLC, Raleigh, NC, and Dallas, TX, 2006.

[Jon07] Rachel Jones. Learning to pay attention. *Public Library of Science: Biology*, 5(6):166, June 2007.

[KB84] David Keirsey and Marilyn M. Bates. *Please Understand Me: Character and Temperament Types.* Distributed by Prometheus Nemesis Book Co., Del Mar, CA, 5th ed edition, 1984.

[KD99] Justin Kruger and David Dunning. "unskilled and unaware of it: How difficulties in recognizing one's own incompetence lead to inflated self-assessments". *Journal of Personality and Social Psychology*, 77(6): 1121–1134, 1999.

[Ker99] Joshua Kerievsky. Knowledge hydrant: a pattern language for study groups. http://www. industriallogic.com/papers/khdraft.pdf, 1999.

[KK95] M. Kurosu and K. Kashimura. Apparent usability vs. inherent usability: Experimental analysis on the determinants of the apparent usability. *Conference companion on Human factors in computing systems*, pages 292–293, May 7-11 1995.

[Kle04] Gary Klein. *The Power of Intuition: How to Use Your Gut Feelings to Make Better Decisions at Work.* Doubleday Business, 2004.

[Kno90] Malcolm S Knowles. *The Adult Learner: a Neglected Species.* Building blocks of human potential. Gulf Pub. Co, Houston, 4th ed edition, 1990.

[Kou06] John Kounios. The prepared mind: Neural activity prior to problem presentation predicts subsequent solution by sudden insight. *Psychological Science*, 17(10):882–890, 2006.

[KR08] Jeffrey D. Karpicke and Henry L. Roediger, III. The critical importance of retrieval for learning. *Science*, 319(5865):966 – 968, Feb 2008.

[Lak87] George Lakoff. *Women, Fire, and Dangerous Things: What Categories Reveal About the Mind.* University of Chicago Press, Chicago, 1987.

[Lev97] David A. Levy. *Tools of Critical Thinking: Metathoughts for Psychology.* Allyn and Bacon, Boston, 1997.

[Lev06] Daniel J. Levitin. *This Is Your Brain on Music: The Science of a Human Obsession.* Dutton, New York, NY, 2006.

[Lew88] Pawel Lewicki. Acquisition of procedural knowledge about a pattern of stimuli that cannot be articulated. *Cognitive Psychology*, 20(1):24–37, Jan 1988.

[Loh07] Steve Lohr. Slow down, brave multitasker, and don't read this in traffic. *The New York Times*, Mar 25 2007.

[Lut06] Tom Lutz. *Doing Nothing: A History of Loafers, Loungers, Slackers, and Bums in America.* Farrar, Straus and Giroux, New York, 1st edition, 2006.

[Mac00]　Michael Macrone. *Brush Up Your Shakespeare!* HarperResource, New York, 1st harperresource ed edition, 2000.

[Mas06]　Mike Mason. *Pragmatic Version Control Using Subversion*. The Pragmatic Programmers, LLC, Raleigh, NC, and Dallas, TX, second edition, 2006.

[MR05]　Mary Lynn Manns and Linda Rising. *Fearless Change: Patterns for Introducing New Ideas*. Addison-Wesley, Boston, 2005.

[Mye98]　Isabel Briggs Myers. *MBTI Manual: A Guide to the Development and Use of the Myers-Briggs Type Indicator*. Consulting Psychologists Press, Palo Alto, Calif., 3rd ed edition, 1998.

[Neg94]　Nicholas Negroponte. Don't dissect the frog, build it. *Wired*, 2.07, July 1994.

[Nor04]　Donald A Norman. *Emotional Design: Why We Love (or Hate) Everyday Things*. Basic Books, New York, 2004.

[Nyg07]　Michael T. Nygard. *Release It!: Design and Deploy Production-Ready Software*. The Pragmatic Programmers, LLC, Raleigh, NC, and Dallas, TX, 2007.

[Pap93]　Seymour Papert. *Mindstorms: Children, Computers, and Powerful Ideas*. Basic Books, New York, 2nd ed. edition, 1993.

[PC85]　George Pólya and John Horton Conway. *How to Solve It: A New Aspect of Mathematical Method*. Princeton University Press, Princeton, expanded princeton science library ed edition, 1985.

[Pie81]　Paul Pietsch. *Shufflebrain: The Quest for the Hologramic Mind*. Houghton Mifflin, Boston, 1981.

[Pin05]　Daniel H. Pink. *A Whole New Mind: Moving from the Information Age to the Conceptual Age*. Penguin Group, New York, 2005.

[Pol58]　M. Polanyi. *Personal Knowledge*. Routledge and Kegan Paul, London, 1958.

[Pre02]　Steven Pressfield. *The War of Art: Break Through the Blocks and Win Your Inner Creative Battles*. Warner Books, New York, warner books ed edition, 2002.

[Raw76]　G. E. Rawlinson. *The Significance of Letter Position in Word Recognition*. PhD thesis, University of Nottingham, Nottingham UK, 1976.

[Raw99]　G. E. Rawlinson. Reibadailty. *New Scientist*, (162):55, 1999.

[RB06]　C. Rosaen and R. Benn. The experience of transcendental meditation in middle school students: A qualitative report. *Explore*, 2(5):422–5, Sep-Oct 2006.

[RD05]　Johanna Rothman and Esther Derby. *Behind Closed Doors: Secrets of Great Management*. The Pragmatic Programmers, LLC, Raleigh, NC, and Dallas, TX, 2005.

[Rey08]　Garr Reynolds. *Presentation Zen: Simple Ideas on Presentation Design and Delivery*. New Riders, Berkeley, CA, 2008.

[RG05]   Jared Richardson and Will Gwaltney. *Ship It! A Practical Guide to Successful Software Projects*. The Pragmatic Programmers, LLC, Raleigh, NC, and Dallas, TX, 2005.

[RH76]   Albert Rothenberg and Carl R. Hausman. *The Creativity Question*. Duke University Press, Durham, N.C., 1976.

[Rob70]   Francis Pleasent Robinson. *Effective Study*. Harpercollins College, New York, NY, fourth edition, 1970.

[RW98]   Linda S. Rising and Jack E. Watson. Improving quality and productivity in training: A new model for the high-tech learning environment. *Bell Labs Technical Journal*, Jan 1998.

[Sac68]   Sackman. Exploratory experimental studies comparing online and offline. *Communications of the ACM*, pages 3–11, Jan 1968.

[SB72]   G. Spencer-Brown. *Laws of Form*. Julian Press, New York, 1972.

[Sch95]   Daniel L. Schwartz. The emergence of abstract representations in dyad problem solving. *Journal of the Learning Sciences*, (4):321–354, 1995.

[Sen90]   Peter Senge. *The Fifth Discipline: The Art and Practice of the Learning Organization*. Currency/Doubleday, New York, 1990.

[SES90]   Jonathan Schooler and Tonya Engstler-Schooler. Verbal overshadowing of visual memories; some things are better left unsaid. *Cognitive Psychology*, 22, 1990.

[Sev04]   Richard Seven. Life interrupted. *Seattle Times*, Nov 28 2004.

[SH91]   William Strauss and Neil Howe. *Generations: The History of America's Future, 1584 to 2069*. Morrow, New York, 1st edition, 1991.

[SH06]   Venkat Subramaniam and Andy Hunt. *Practices of an Agile Developer: Working in the Real World*. The Pragmatic Programmers, LLC, Raleigh, NC, and Dallas, TX, 2006.

[Smi04]   David Livingston Smith. *Why We Lie: The Evolutionary Roots of Deception and the Unconscious Mind*. St.Martin's Press, New York, 1st edition, 2004.

[SMLR90] C. Stasz, D. McArthur, M. Lewis, and K. Ramsey. Teaching and learning generic skills for the workplace. *RAND and the National Center for Research in Vocational Education*, November 1990.

[SO04]   H. Singh and M. W. O'Boyle. Interhemispheric interaction during global/local processing in mathematically gifted adolescents, average ability youth and college students. *Neuropsychology*, 18(2), 2004.

[SQU84]   Edwin A. Abbott (A. SQUARE). *Flatland: A Romance of Many Dimensions*. Dover 2007 Reprint, New York, 1884.

[Swi08]   Travis Swicegood. *Pragmatic Version Control using Git*. The Pragmatic Programmers, LLC, Raleigh, NC, and Dallas, TX, 2008.

[TABM03] J. Gregory Trafton, Erik M. Altmann, Derek P. Brock, and Farilee E. Mintz. Preparing to resume an interrupted task: Effects of prospective goal encoding and retrospective rehearsal. *International Journal HumanComputer Studies*, (58), 2003.

[Tal07] Nassim Nicholas Taleb. *The Black Swan: The Impact of the Highly Improbable*. Random House, New York, 2007.

[TH03] David Thomas and Andrew Hunt. *Pragmatic Version Control Using CVS*. The Pragmatic Programmers, LLC, Raleigh, NC, and Dallas, TX, 2003.

[Tra97] N. Tractinsky. Aesthetics and apparent usability: Empirically assessing cultural and methodological issues. *CHI 97 Electronic Publications: Papers*, 1997.

[VF77] Dyckman W. Vermilye and William Ferris. *RelatingWork and Education*, volume 1977 of *The Jossey-Bass series in higher education*. Jossey-Bass Publishers, San Francisco, 1st edition, 1977.

[vO98] Roger von Oech. *A Whack on the Side of the Head*. Warner Business Books, New York, 1998.

[Wei85] Gerald M. Weinberg. *The Secrets of Consulting*. Dorset House, New York, 1985.

[Wei86] Gerald M. Weinberg. *Becoming a Technical Leader: An Organic Problem-Solving Approach*. Dorset House, New York, 1986.

[Wei06] Gerald M. Weinberg. *Weinberg on Writing: The Fieldstone Method*. Dorset House Pub., New York, 2006.

[Whi58] T. H. White. *The Once and Future King*. Putnam, New York, 1958.

[WN99] Charles Weir and James Noble. Process patterns for personal practice: How to succeed in development without really trying. http://www.charlesweir.com/papers/ProcessPatterns.pdf, 1999.

[WP96] Win Wenger and Richard Poe. *The Einstein Factor: A Proven New Method for Increasing Your Intelligence*. Prima Pub., Rocklin, CA, 1996.

[ZRF99] Ron Zemke, Claire Raines, and Bob Filipczak. *Generations at Work: Managing the Clash of Veterans, Boomers, Xers, and Nexters in Your Workplace*. AMACOM, New York, 1999.

译 后 记

这是一本教你如何对大脑"编程"的书！

运用一门程序设计语言编程对大多数普通程序员来说是"小菜一碟"，那么如何更上层楼成为一名专家级的软件开发者呢？本书给出了答案——优秀的学习能力和思考能力。作者从软件开发领域的角度，阐述了每一名程序员提升"内力"所需要的各种软性知识：从新手到专家的 5 个层次、人类大脑的运行机制、直觉和理性的利与弊、学习方法和实践经验的重要性、控制注意力的技巧，等等，可谓是一本程序员"素质教育"的微型百科全书。我非常支持一个白话版的"素质"定义：除了书本知识、硬性记忆以外的东西，扪心自问，包括我自己在内的大多数程序员除了固化的编程知识以外，又有多少"素质"拿得出手呢？IT 领域知识更新换代之快需要我们不停地往前奔跑，当我们痛苦地追逐时尚的新鲜玩意时，更需放慢脚步，冷静地修炼自己的"内功"，以不变应万变，才能立于不败之地。如果你想改变现状，本书可以作为一个良好的起点。作者对各种软性技能都做了深入研究，并结合自己的经验总结成你可以借鉴的知识点，让你无需阅读各个领域（认知科学、神经学、行为理论）的专著，就能够汲取适合自己的精华。

在翻译本书时，我切实地感受到，虽然它文字不多、篇幅不大，但却内容丰富、引经据典，可见作者知识的渊博和写作的认真。我建议读者在阅读本书时，不要急于求成，要仔细地阅读各个章节，结合自己的日常经验体会文字背后的含义。对每一节中的"实践单元"，要立刻应用到日常工作中，观察和比较实践的前后效果，找出适合自己的行动指南！

千里之行始于足下。请翻开本书，或许可以改变你的一生。

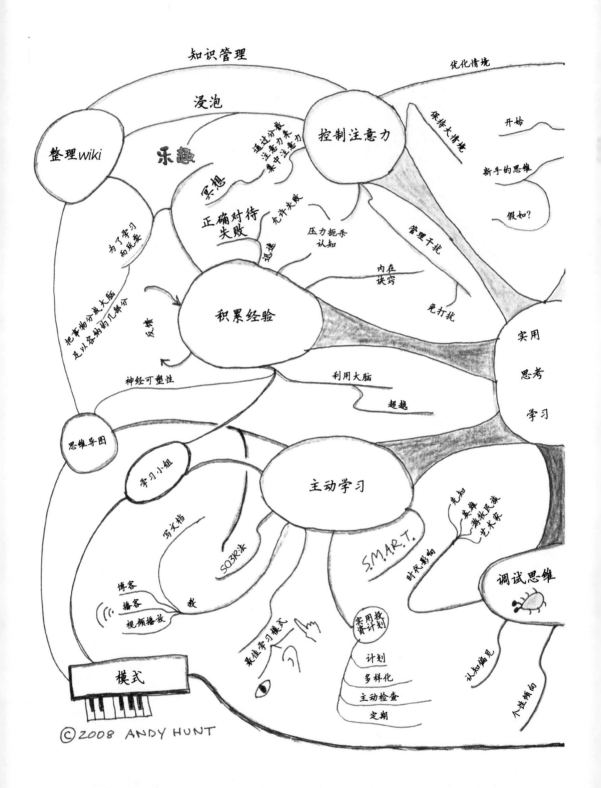

知识管理

浸泡

优化情境

整理wiki

乐趣

控制注意力

保持大排龙

开始

通过分数注意力系集中注意力

新手的思维

冥想

假如？

正确对待失败

允许失败

压力扼杀认知

管理干扰

为了学习而玩乐

迅速

内在状窍

把事物分成大脑足以容纳的几部分

积累经验

免打扰

反馈

神经可塑性

利用大脑

实用

超越

思考

思维导图

学习

学习小组

主动学习

S.M.A.R.T.

写文档

先知

来源游戏规象艺术家

SQ3R法

时代影响

调试思维

博客

教

播客

视频播放

最佳学习模式

实用投资计划

认知偏向

计划

多样化

个性倾向

主动检查

定期

模式

©2008 ANDY HUNT

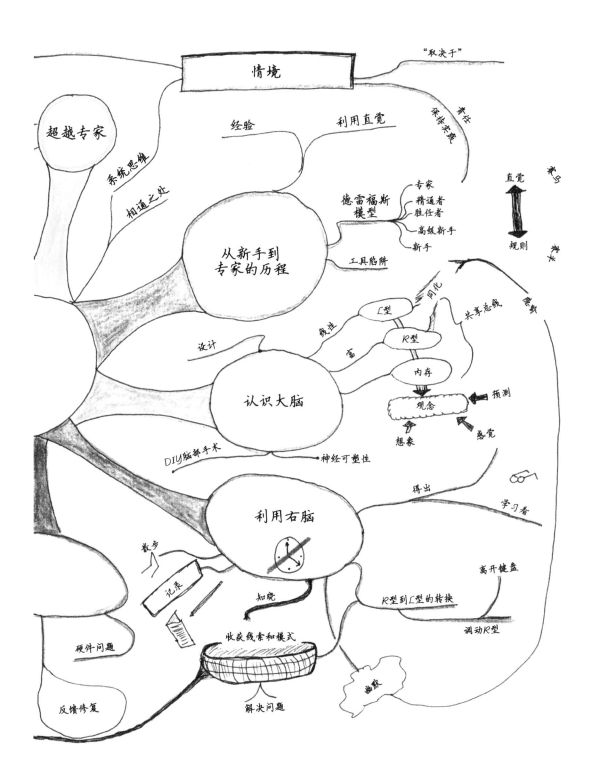